「职场必读」

做一个心智成熟的人

子不言◎编著

中华工商联合出版社

图书在版编目（CIP）数据

职场必读：做一个心智成熟的人 / 子不言编著. --
北京：中华工商联合出版社，2020.12
ISBN 978-7-5158-2933-3

Ⅰ.①职… Ⅱ.①子… Ⅲ.①成功心理–通俗读物
Ⅳ.①B848.4–49

中国版本图书馆CIP数据核字（2020）第 226866 号

职场必读：做一个心智成熟的人

编　　著：子不言
出 品 人：刘　刚
责任编辑：关山美
装帧设计：北京任燕飞图文设计工作室
排版设计：水京方设计
责任审读：付德华
责任印制：陈德松
出版发行：中华工商联合出版社有限责任公司
印　　刷：三河市宏盛印务有限公司
版　　次：2024 年 1 月第 1 版
印　　次：2024 年 1 月第 1 次印刷
开　　本：710mm×1020mm　1/16
字　　数：220 千字
印　　张：15
书　　号：ISBN 978-7-5158-2933-3
定　　价：48.00 元

服务热线：010－58301130－0（前台）
销售热线：010－58302977（网店部）
　　　　　010－58302166（门店部）
　　　　　010－58302837（馆配部、新媒体部）
　　　　　010－58302813（团购部）
地址邮编：北京市西城区西环广场 A 座
　　　　　19－20 层，100044
http://www.chgslcbs.cn
投稿热线：010－58302907（总编室）
投稿邮箱：1621239583@qq.com

　　有人的地方就有纷争。职场，亦是如此。其中的纠纷犹如风平浪静的海面下深埋的礁石，唯有心智成熟者，方能乘风破浪。

　　本书注重理论贴近生活，深刻剖析了职场中不为人知的成功秘密，告诉你什么是必须做的、什么是可以做的、什么是万万不能做的。同时，通过大量的事例教你认识并熟谙职场中的礼仪和规则，掌握与领导、同事、下属相处的艺术，把握好表现与低头的分寸与尺度，规避风险的技巧和招数，让你在恰当的时刻能够醒目地亮出自己，在危急时刻能够占得先机，能够看清表象后面的真实，听出谎言背后的真相，在工作中不踩"地雷"，不做"炮灰"，从而进退自如，游刃有余。

　　本书是一本职场生存指南，引领你摆脱职业生涯中错综复杂的困境，在不断探索中最大限度地实现自己的个人价值。

CONTENTS 目录

第三章

忠诚，员工在公司存在的基础

第四章

服从，摒弃各种借口

第五章

定位，找准自己的位置

第六章

高效，提升工作的价值

第七章
创新，用创造性思维工作

第八章
执行，有行动才有成果

第九章

团队，发挥 1+1 > 2 的作用

第十章

激情，不断进取的源泉

敬业，卓越员工共同特征

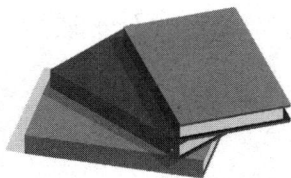

　　敬业是优秀员工的共同特征。公司最需要的人一定是敬业的员工。没有敬业精神的人，哪怕能力再强也很难对公司做出多大的贡献；即使员工的能力相对较弱，如果非常敬业，那么员工也能够在自己的舞台上实现自己的价值。

拥有敬业的职业态度

从大的方面来说，敬业是职业道德的崇高表现；从小的方面来讲，敬业是一种必不可少的职业态度。一个没有敬业精神的人，即使能力超群也不会获得他人的欢迎和尊重；而一个具有敬业精神的人，哪怕能力相对比较薄弱，仍然能够找到使自己的能力得到充分发挥的平台，踏踏实实地实现自己的价值，从而更容易受到他人的欢迎和尊重。

通常来说，人与人之间的智力差别实际上是很微小的。工作成效的高低在很大程度上不是取决于智力的高低，而是取决于态度的优劣。相关调查显示：能力高超已经不再是公司招聘时的首要考虑因素，拥有正确的工作态度才是公司招聘时首先要考虑的。相当多的雇主认为，公司在聘用人员时首先考虑的就是敬业精神，其次才是相关的职业技能以及工作经验。

部分员工总是以为，工作是给公司做的，自己没有从中得到多么大的报酬，于是就采取一种敷衍塞责、应付了事的态度。这样的员工往往不能胜任本职工作，也会失去自己的信誉，而人们对于他所做的其他事也会自然而然地抱着怀疑的态度。如果他能够认真地做好本职工作，那就会有更好的工作机会等着他，使他不断获得更高的信誉和绩效，从而形成良性循环。

对于敬业的职业态度，联邦储备银行总裁丽贝特·博伊尔曾经这样加以评说："公司聘用人的第一标准是具备敬业精神。我以为，工作是一个人的基本权利，而有无权利在这个世界上生存则看他能否认真地对待工作。从某种意义上说，公司给一个人工作，实际上是给了他一个生存的机会。显然，他唯有认真地对待这个机会，才对得起公司给予的待遇。"可以想象，拥有敬业的职业态度已经成为很多公司选拔人才的第一标准。

不管你心怀多么远大的理想，你都要首先尽己所能做好自己的本职工作，这就是你的敬业精神的具体体现。

伦敦马克西姆饭店有一位老招待。虽然当招待三十余年了，他却仍然干得非常开心，因为他明白自己没有接受过高等教育，能够从事现在的工作已经心满意足了。他的心态一直表现得很平和，因而将自己的本职工作干得非常出色。

对于大多数人而言，工作在他们的生活中占据着相当重要的位置，正如心理学家威廉·赖克所说的那样："热爱工作和知识是我们的幸福之源，也是支配我们生活的力量所在。"因此，我们需要处理好工作与生活的关系，更好地生活离不开工作作为保障。

假如我们仅仅将工作视为一种谋生手段，那我们就不会从心里去重视它、热爱它；而一旦我们将工作作为提升自身能力和拓宽自己经验的途径时，我们才可能从心里去重视它、热爱它。实际上，工作带给我们的，将远远超过我们想要的。

工作不应仅是生存的需要，更应该是实现个人价值的需要。你总不能无所事事地终了一生，应该想方设法让自己的兴趣与正在从事的工作结合起来。不论正在做什么，你都要从中找到乐趣，并且真心喜爱所做的事情。

年轻的时候，麦卡沃伊先生是一个看管旋钉子机器的工人。每天从早到晚，他所接触的都是钉子。天天在钉子堆里打滚，这种工作对他来说实在是太枯燥乏味了。

于是，麦卡沃伊先生开始抱怨起来："我们每天这样把一生都消磨在钉子堆里，有什么意义呢？这种工作永无出头之日：做出了一批制品，另一批制品便又接连而来。"他旁边的另一位工人听了他的话，深以为然，也跟着抱怨起来。

后来，麦卡沃伊先生发现抱怨不仅没有使工作得到改善，而且使自己工作得越来越累。于是，他就想："我是不是可以从工作中发现一些有趣的游戏呢？"这样想着，他也就开始寻找工作中的乐趣了。

麦卡沃伊先生对那个与他一起抱怨的工人说："我们光抱怨工作也于事无补。不如这样，我们来一场比赛，你来磨旋钉机上的钉子，将钉子外面打磨得光光的；我来做旋钉子的工作，谁做得快就算谁赢。"

那个工人非常赞同麦卡沃伊先生的提法。于是，他们开始了比赛，使工作效率提高了近一倍，也因此受到了老板的奖励和提拔。

后来，麦卡沃伊先生成了机器制造厂的厂长，因为他懂得怎样对待工作，与其被动承受，不如主动接受，这样才能将工作做得更出色。

在工作中，我们可以获得经验和增强信心。热情越高，决心越大，工作的效率才会越高。当你充满热情工作时，工作不再是一件苦差事，而是有人付钱请你来做你喜欢做的事情。你是在工作，同时，也是在为自己寻找乐趣。

只有干一行爱一行，对工作尽心尽力，将敬业视为一种美德，你才能找到成功的道路。虽然公司最需要的人的标准会有很多种，但是任何一个公司最需要的一定会是敬业的人。只有敬业，你才能够安下心来工作，在工作中发挥自己的主观能动性，取得超凡脱俗的绩效。

职场必读

　　敬业是优秀员工的共同特征。如果一个员工工作时心不在焉，敷衍塞责，那他就绝不可能成为一名优秀员工。若想成为一名优秀的员工，首先要拥有敬业的职业态度，因为只有敬业的员工才会想方设法改进自己的工作，完善自己的工作。也就是说，一个优秀的员工必定是一个具有高度敬业精神的员工。

敬业给你带来机会

　　大学毕业后，麦卡蒂在英国驻外大使馆做接线员工作。很多人觉得这是个没有前途的工作，而麦卡蒂却在这个普通的工作岗位上作出了不小的成绩。

　　在工作过程中，麦卡蒂将使馆所有人的名字、电话、工作范围，甚至家属的名字都深深刻在了脑海里。有些人办事打电话，不知道该找谁，她就会主动去问问，尽量帮助他们准确地找到人。慢慢地，使馆人员如果有事外出，就会首先想到将事情委托她代劳，麦卡蒂逐渐充当了留言中心秘书的角色。

　　有一天，大使竟然亲自跑到电话间来表扬麦卡蒂，这真是破天荒的事情。没过多久，麦卡蒂就因工作出色而被破格调到英国一家大报的记者处做翻译。该报首席记者是个名气很大的老太太，得过战地勋章。正如大多数人那样，本事越大，脾气也越大，老太太把前任翻译给赶跑之后，刚开始也不愿意接受麦卡蒂，勉强同意试用。之后，麦卡蒂的工作让老太太很满意。

一年后，工作出色的麦卡蒂又被破格升调到外交部，她干得同样出色。

也许你所工作的岗位不是你愿意从事的，也许你觉得自己的工作平淡无奇，也许你觉得自己的才能没有被重视，但是，你要明白，每一个岗位都有施展你才华的机会，就看你能不能抓住。

对于大多数人而言，面临的最大挑战，不是突然遭遇的灾变和改变命运的选择，而是平平淡淡、没有变化的工作生活。要想改变这种现状，在单调重复的过程中享受工作的乐趣，就需要以不平庸的工作态度来对待工作。

一旦一个员工喜欢上了自己的职业，他就会全身心地投入到工作中去，在平凡的岗位上也能作出不平凡的成绩，实现自己的价值。

工作是一个人一生中不可缺少的重要部分。但是，每个人对工作的看法不尽相同。有的人认为工作是为了生活，是不得不为之的劳动；而有的人则认为工作就是在为理想而奋斗，就是自己生活的目的。

在一家单位上班的小张，早上从床上挣扎着爬起来，匆忙赶往公司，睡眼惺忪地听着经理布置工作。上午拜访客户，小张却遭到拒绝和冷遇。下午下班前，小张回到了公司填写工作报表，胡乱填写应付了事。小王的一天就这样结束了。

工作没有明确的计划和目标，从不反省自己一天做了些什么，收获了哪些经验和教训；也从不思考在销售过程中为顾客带来什么样的服务；当一天和尚撞一天钟，混一天算一天……

月底发工资时，才那么点，于是，小张很牛气地炒了老板的鱿鱼。一年下来，他换了几家公司，却没有得到任何工作经验，也没有存下钱。

无论什么工作都有其存在的意义和价值，应该尽己所能地将它做好。事实上，大多数的人都处在平凡的工作岗位上。不管处在什么岗位，从事什么工作，做着什么事情，我们都应积极主动地将工作做好，避免流于平庸。你的辛勤付出肯定会获得应得的回报。

美孚石油公司创办人约翰·洛克菲勒曾经说过这样的话："工作是一个可以施展自己才能的舞台。我们获得的知识、应变力、决断力、适应力以及协调能力，都将在这样一个舞台上得到展示。"

美孚石油公司曾经有一个名叫阿基勃特的推销员。虽然只是公司的一位普通小职员，阿基勃特很珍惜工作机会，竭尽所能，全心全意地维护公司的声誉。当时，公司的宣传口号是"每桶4美元的标准石油"。于是，不论什么情况下，凡是有要求自己签名的文件，阿基勃特都会在签名下面写上"每桶4美元的标准石油"的字样，甚至在书信或收据上，也写上这几个字。

时间久了，阿基勃特被同事戏称为"每桶4美元"。尽管受到各种讥讽，他却从没放在心上，仍然一如既往地在签名时写着"每桶4美元的标准石油"。

数年后的一天，公司董事长洛克菲勒无意中听说了此事，立刻请阿基勃特吃了一顿午饭。洛克菲勒问阿基勃特是什么原因使他这样做。阿基勃特平平淡淡地说："这不是公司的宣传口号吗？每多写一次，就可能多一个人知道。"

自此以后，洛克菲勒开始培养起阿基勃特。最终，洛克菲勒卸任之后，阿基勃特成为公司的第二任董事长。

阿基勃特能成为石油公司的董事长，或许有幸运的成分，但更重要的是，他在平凡的工作岗位上以并不平庸的态度对待工作。

虽然我们左右不了变化无常的天气，但是我们却可以适时调整我们的心态。人的主观感觉就像一面镜子，你要告诉自己：虽然我的工作岗位很平凡，但是我可以把我的工作做得很出色。

作为社会的一部分，每个岗位都承担着一定的社会职能，都是在社会分工中所获得的扮演角色的舞台。通过工作岗位，人们不仅获取生活物质来源，而且还能够履行社会职能，获得他人的认可和尊重。

只有热爱自己的岗位工作，才能释放出自己的全部激情，在平凡的工作岗位上做出不平凡的业绩。只要对自己的工作发自内心的热爱，即使是在平凡的岗位上，你也能创造出奇迹来。

> **职场必读**
>
> 选择积极的心态，用你的智慧，加上坚持不懈的付出，脚踏实地地干好现在的工作。也许有一天，你会发现现在的岗位正是你飞向梦想的跳板，垫起你人生高度的基石。

为公司的利益着想

公司是员工发展的平台，员工的利益依赖于公司的利益。也就是说，只有公司发展了，员工才能从中获得自己的利益。因此，任何一个员工都应该把公司的利益放在第一位，时刻以维护公司的利益为己任。

作为公司的成员，维护公司的利益是每个员工必须恪守的基本职业道德。只有将公司的利益放在第一位，一个员工才能为以后获得更大的成就做准备；只有将自己的位置摆正，充分发挥主人翁的精神，正视自己的工作，自觉地为公司的发展贡献自己的全部力量和智慧，一个员工才能得到最大的回报。

在一家钢铁公司做小职员的华峰飞，主要负责过磅秤。上班没多久，华峰飞就发现很多矿石中还有部分残留的铁没有完全炼出来。他心想，如果这样继续下去，会给公司造成很大损失。

于是，华峰飞找到炼钢部门的工人们，向其反映了情况。谁知那些工人听说后一边哈哈大笑一边说："小华啊，你只负责过磅秤，这和你没有什么关系吧！再说了，即便是有什么损失，也和我们无关，我们也不会因此而少拿工资。"

华峰飞还是不死心，又找到了负责该项目的工程师们。然而，工程师们却不相信这一事实，因为他们认为自己的技术了得，绝对不会出现这样的事情。无奈之下，华峰飞只好找到了总工程师。总工程师听说之后非常震惊，因为从来没有人向他反映过此事。

于是，总工程师决定亲自到车间检查，果然如华峰飞所说的那样，发现了很多提炼不充分的矿石。后来，在总工程师的领导下，大家一起找到了问题的根源。

这件事情过去之后，大家又回到了正常的工作当中，华峰飞也依旧坚守在自己的岗位上。后来突然有一天，华峰飞被总经理任命为负责技术监督的工程师。大家看到华峰飞在公司忙碌的身影，都暗暗竖起了大拇指。

正是因为把公司的利益放在第一位，华峰飞才会在看到提炼不充分的矿石后，一级级地向上反映。如果他像其他员工那样，不以公司的利益为重，恐怕到如今还依然是一名小小的过磅员。

只有公司发展了，每个员工才能得到发展。无论何时，每个员工只有把公司的利益放在首位，确保公司的发展，才能更好地实现自己的利益；相反，如果每个员工都以自己为出发点，只看到自己的个人利益，势必会影响到公司的发展，这样一来，最终受影响的还是员工自身的利益。

在公司中，我们经常会遇到这样的场面：无论什么时候，公司的灯和电脑都一律开着；写字纸只用了一面，或者只有几行字，就被扔掉；食堂中，部分员工一味地要求多打点，吃不完就干脆倒掉……

这样的员工在我们身边随处可见。他们认为公司有的是钱，自己浪费的这点儿对于公司来说不算什么，不会损失到公司的利益。甚至，有的员工认为，既然是公司的钱，不浪费白不浪费，花公司的钱，不需要心疼。

其实，每个员工进入公司之后，就应该将自己当成公司的主人，应该像爱惜自己的财产一样珍惜公司的财产。

很多员工都觉得，一滴小小的焊接剂是公司的事情，和自己无关。而洛克菲勒则将公司的事情当成自己的事情，时刻坚持节俭的理念，从而为公司创造出惊人的利润。

作为公司的一员，公司是你生存的基础，你应该像对待自己的家一样对待公司。在工作中，你应当明白自己和公司是一种互惠双赢的合作关系。在为公司节俭的同时，你也是在为自己创造更大的利益。

职场必读

在平时的工作中，自觉地节约公司的财产。无论各种经费，还是公司的一张纸、一度电，都要像珍惜自己的财产一样珍惜。

在老板交代前做好事情

雅各布森在铁道公民事务管理部担任职员。一天早上，上班的途中，他发现一列火车在郊外发生了车祸。此时情况十分危急，但由于还没到上班时间，他打电话给上司，却怎么也打不通。

面对这种危急的情况，雅各布森知道不能再拖了，虽然还没有联系上负责人，但他也不能眼睁睁地看着。

于是，雅各布森以上司的名义给列车长发了电报，并把自己的方案告诉了列车长，让其遵照方案尽快处理。虽然知道这样做是严重违反公司规定的行为，将会受到严厉的处罚，甚至有可能被辞退，但是为了公司的利益考虑，雅各布森还是义无反顾地去做了。

到达公司之后，雅各布森向上司交了一封辞职信。与此同时，上司也了解了雅各布森处理事务的过程以及前因后果。上司看了看那封辞职信，什么也没说，就把它放在了一边。雅各布森在忐忑不安的心情中等了一天。可是，两天都过去了，还是一点儿消息也没有。第三天，雅各布森又来到了上司的办公室，向其说明了原委，并说明自己愿意辞职。

然而，上司却说："小伙子，其实，我早就看过了你的辞职信，但是我觉得完全没必要。因为你是一个敬业的好员工，你所做的一切就证明了你是一个主动做事、不把问题留给老板的人。这样的员工，我怎么舍得辞退呢？"

在公司中，老板最喜欢的员工就是那些能够克服重重困难，将问题留给自己，把结果留给老板的员工；相反，那些在问题面前不主动想办法，而是想方设法逃避问题的员工是不可能得到老板的青睐的。

有些害怕问题的员工，把问题比喻为地雷，认为谁要是踩到了，就必定会遇到麻烦。因此，当问题出现的时候，他们总是想尽办法躲避，找很多冠冕堂皇的借口。更有甚者，他们将问题直接推到老板身上。他们以为，只有将问题转交给老板，才是最安全的做法；与其自己摸索解决问题的办法，倒不如等着老板去解决，然后再按照老板的吩咐来执行。无论多么庞大的公司，一旦拥有这样的员工，就难免影响到公司的发展，甚至还会促使公司倒闭。

1999年之前，凯玛特还是美国的三大零售商之一，但是在这之后，凯玛特就逐渐走上了下坡路，直到2002年，不得不申请破产。然而，令人难以想象的是，事情的导火索竟然只是一个小错误。

在1990年开年度总结大会时，一位经理认为自己犯了一个错误，他向身边的上司请示应该如何改正。然而，这位上司也不知道该怎么做，就向他的上司请示……这样一来，一个小小的问题，最终推到了总裁那里。

最终，公司走向了破产。后来，总裁谈起此事时说："真是太可笑了，竟然没有人积极思考解决问题的方法，而宁愿将问题一直推到我身上。"

不敢面对问题的员工，无论处于什么职位，都会严重影响公司的发展。如果当时在凯玛特，大家不把问题留给总裁，而是自己想办法解决，或许就是另外一种结果了。

老板既然把工作交给了你，你就应该积极面对工作中出现的各种问题，只有这样才能表现出你的敬业精神，才能展现出你的能力，才能得到老板的信赖。相反，因为推卸问题，耽误了解决问题的最佳时机，不仅会给公司带来严重的影响，还会失去自己发展的平台，影响自己的前途。

一家汽车公司推出了一款新车。无论从样式，还是功能上来说，这款汽车都是一流的，唯一的不足之处就是价钱有点儿贵，超出了一般工薪阶层的支付能力。因此，几个月来，这款汽车的销售量非常差。

面对这种情况，公司的领导都十分着急，如果继续保持这样的销量的话，恐怕连成本也无法收回。但是，他们想了很久，也没有找到提高汽车销量的好办法。

这种情况不仅引起了高层的重视，也引起了销售人员的注意。一位销售人员发现很多客户对这款新车的外形、功能都十分满意，但都觉得自己无法负担得起。于是，他就开始琢磨：如何才能打消人们心中的顾虑，提高汽车的销售量呢？

后来，这名普通的销售员想到了一个好办法。他来到经理办公室，向经理提出一个创意，那就是打出花10000元就可以买一辆汽车的广告。这个创意的核心就是通过分期付款的方式，用小额的付款吸引人们的注意。这一方案很快得到了高层领导的认可，并立即实行。三个月后，该款汽车的销售量在公司所有汽车品种中跃居到了首位。

在面对问题的时候，那些能够主动请缨，积极为公司排忧解难的员工，才是老板最喜欢的员工。把问题留给自己，把结果留给老板，这不仅仅是一种主动的敬业精神，更是优秀员工所必备的基本素质。如果员工积极为公司寻找解决问题的方法，不仅能够为公司带来效益，而且还能为自己的发展提供更好的平台。

任何一个老板都希望自己的员工能够不用等老板交代，就去做一些应该做的事情。如果你发现老板并没有要求你做这些事情，但你认为这样做会对公司有利，那么请务必提醒老板。哪怕你的提醒是错误的，老板也会高兴，因为你积极主动地想问题了。

每位老板心中都对员工有强烈的期望，那就是：不要只做我告诉你的事，运用你的判断力，为公司的利益去做需要做的事。作为一个优秀的员工，必须学会面对问题，学会处理问题，让问题到自己为止，把满意的结果留给老板。

职场必读

在工作中，只要认定那是你要做的事，就应立刻采取行动，而不必等老板做出交代。不要总是以"老板没交代"为由来逃避责任。当额外的工作出现时，不妨把它看成一种机遇，你所要做的只是伸出手抓住机遇。

做好简单的事情

工作中没有小事。每一件事都值得我们去做，值得我们去研究。即使是最普通的事，我们也不应该敷衍应付或轻视懈怠；相反，我们应该付出热情和努力，把工作做到最好，全力以赴、尽职尽责地完成任务，努力让自己具有良好的职业素养。

许多与我们同时起步的人，和我们一样做着简单的小事，后来逐步晋升于我们之上，原因之一是他们从不认为所做的事是简单的小事。大事都是由小事聚集而来的。

把每一件简单的事做好就是不简单；把每一件平凡的事做好就是不平凡。

佩因顿起初只是美国福特汽车公司制造厂的杂工，就是在做好每一件小事中获得了成长，并最终成为福特公司最年轻的总领班。在有着"汽车王国"之称的福特公司里，32岁就升到总领班的职位，的确不是一件容易的事。

佩因顿是在20岁时进入工厂的。工作一开始，他就对工厂的生产情形，做了一次全盘的了解。他知道了一部汽车由零件到装配出厂，要经过13个部门的合作，而每一个部门的工作性质都不相同。

当时，佩因顿就想，既然自己决定在汽车制造这一行做一番事业，就必须对汽车的全部制造过程都能有深刻的了解。于是，他主动要求从最基层的杂工做起。杂工不属于正式工人，也没有固定的工作场所，哪里有零活就要到哪里去。因为从事这项工作，佩因顿才有机会和工厂的各部门接触，从而对各部门的工作性质有了初步的了解。

当了一年半的杂工之后，佩因顿申请调到汽车椅垫部工作。不久，他就把制椅垫的手艺学会了。后来，他又申请调到点焊部、车身部、喷漆部、车床部等部门去工作。在不到五年的时间里，他几乎把这个厂的各部门工作都做过了。最后，他又决定申请到装配线上去工作。

佩因顿的父亲对儿子的举动十分不解，他质问佩因顿："你工作已经五年了，总是做些焊接、刷漆、制造零件的小事，恐怕会耽误前途吧？"

"爸爸，您不明白，"佩因顿笑着说，"我并不急于当某一部门的小工头。我以能胜任领导整个工厂为工作目标，所以必须花点时间了解整个工作流程。我正在把现有的时间做最有价值的利用。我要学的，不仅是一个汽车椅垫如何做，而是整辆汽车是如何制造的。"

当佩因顿确认自己已经具备管理者的素质时，他决定在装配线上崭露头角。佩因顿在其他部门干过，懂得各种零件的制造情形，也能分辨零件的优劣，这为他的装配工作带来了不少便利。没过多久，他就成了装配线上最出色的人物。很快，他就晋升为领班，并逐步成为总领班。

佩因顿利用在每个部门埋头苦干做事的机会，从多方面体验工作，对厂里的各部门做了深入了解。虽然他仍是一个工人，但他的经验、见解已超越了普通工人。他从小事中所获得的成长是巨大的。

在工作中，没有任何一件事情，小到可以被抛弃；没有任何一个细节，细到应该被忽略。同样是做小事，不同的人会有不同的体会和成就。不屑于做小事的人做起事来十分消极，不过只是在工作中混时间；而积极的人则会安心工作，把做小事作为锻炼自己、深入了解公司情况、加强公司业务知识、熟悉工作内容的机会，利用小事去多方面体验，增强自己的判断能力和思考能力。

无论多么优秀的人才，在工作初期都有可能被派去做一些琐碎的小事。在这种情况下，有一句重要的忠告需要铭记在心：与其浑浑噩噩浪费时间，不如从你经手的每一件琐事、每一件小事中得到成长。

年轻人最宝贵的资源是时间，如果不充分利用时间来换取其他的资源，而是敷衍了事，那最后的结果只能是白白地浪费了用在小事上的时间资源，而没有任何收获。这无疑是可悲的。一年甚至几年的时间流逝了，你却依然揣着最初的资源，甚至更少。

大事是由众多的小事积累而成的，忽略了小事就难成大事。从小事开始，逐渐锻炼意志，增长智慧，日后才能做大事，而眼高手低者，是永远做不成大事的。你面对小事时的心态，可以折射出你的综合素质，以及你区别于他人的特点。从做小事中得到认可，赢得人们的信任，你才能得到干大事的机会。

很多人渴望证实自己的优秀，却总是停留在梦想阶段，而不是从简单的小事做起，从而失去了很多展示自己价值的机会和走向成功的契机。真正优秀的人，会把更多的时间用在实际行动上。

不管什么事情，哪怕再小、再不起眼、再不需要什么技巧与能力，也要持之以恒，日复一日地做好。如随手关灯、总在约定客户见面5分钟前到达等。如果每天能做到这些，这样的员工是非常了不起的。

希尔顿饭店的创始人康拉德·希尔顿就是一个注重小事的人。康拉德·希尔顿这样要求他的员工："要记住，万万不可把我们心里的愁云摆在脸上！无论饭店本身遭遇何等困难，希尔顿服务员脸上的微笑永远是顾客的阳光。"正是这小小的、永远的微笑，让希尔顿饭店的身影遍布世界各地。

工作中没有小事，不能对工作中的小事敷衍应付或轻视懈怠。所有成功者，他们与我们都做着同样简单的小事。唯一的区别是，他们从不认为所做的事是简单的事，他们看中小事并努力把它们做好。

成功，就是将简单的事情重复地做。美国通用电气公司前总裁杰克·韦尔奇说："一旦你产生了一个简单而坚定的想法，只要你不停地重复它，终会使之变成现实。"

职场必读

　　员工身边本无小事。很多人，不屑于做具体的事，不屑认真对待小事和细节，总盲目地相信"天将降大任于斯人也"。殊不知，能把自己岗位上的每一件事都做成功，做到位，就很不简单。

做公司的主人翁

　　作为公司的员工，只有切实地将自己融入公司中，时刻把自己作为公司中的主人，站在老板的角度考虑问题，运用老板的心态处理事情，像老板一样处处为公司着想，才能得到领导的青睐。

　　毕业后，韩华在一家外资公司做了最普通的文员。她每天的工作就是拆阅、分类大量的公司信件，工作内容非常单调，而且工资也比较低。

　　然而，韩华并没有因为工作单调、工资低就放弃进取。她不但将本职工作做得无可挑剔，而且每天还加班做一些和自己无关的工作。

　　有些同事看不过，好心地提醒她："你的工资那么低，那么卖命工作干什么啊？反正我们都是给人家打工的，差不多就行了。"韩华听到之后，只是淡淡地笑了笑，说："既然我已经进入了这家公司，这里就是我的家，我必须得像主人一样，把这家公司当成是我开的，努力地工作。"

　　此后，韩华还是一如既往地工作，每天都帮助老板整理需要的文件，收集最新的资料信息……她一直十分努力。

　　直到有一天，经理助理辞职了。在挑选新助理的时候，经理自然想到了韩华，因为在这之前，她已经开始默默地做这份工作了。

在后来的工作中，韩华继续努力的工作，丝毫没有任何懈怠。终于，韩华引起了更多人的注意，很多公司纷纷向她发出邀请函。然而，面对高薪的诱惑，韩华毅然选择留在这家公司，而她所在的公司也多次为她加薪。

韩华之所以能够得到众多公司的青睐，并不是她有多么高的才能，而完全是因为她对待工作的态度。无论在什么职位，她都能把公司当成自己的家，做公司的主人，时刻为公司的发展考虑。

当用主人的心态去对待工作时，你会完全改变你的工作态度，会时刻站在老板的角度思考问题，你的业绩会得到提高，你的价值会得到体现。公司会因为有你的努力而变得不一样，你也可以通过你的示范作用，带动你身边的人，让所有人都用主人翁的心态去对待工作。这样，公司发展了，不仅对老板有利，对员工同样有利。

做公司的主人，最重要的就是要在行动中体现。从自身做起，从现在做起，把自己当成老板一样去思考公司的事情，想一想怎样才能发挥自己最大的能量。当好这个家，做到为人不骄、处事不躁、处外不卑、主内不亢，像关爱自己的家一样去关心公司的经营和发展。

只要你具备老板的心态，能够像老板一样工作，就一定能够在公司中茁壮地成长，不断地开发自身的潜能，提高自身的价值，从而在公司中变得越来越重要。

早上，在有线电视公司做工程师的小朱，到一家器材店去购买木料。因为切割木料需要一段时间，小朱就决定随便走走。

到了一家商店门口，小朱无意中听到有人在抱怨自己所在公司的服务态度差。只听那个人非常气愤地说："那家公司的服务太差劲了，我打了好几次电话都没人管……"那人越说越起劲，不一会儿周边就围上了一大群人。

小朱听到他们的抱怨，马上走了过来，问道："先生，很抱歉，我听到了您对这些人说的话。我就在这家公司工作。您愿不愿意给我一个机会改善这个状况？我向您保证，我们公司一定可以解决您的问题。"说完之后，小朱立即给公司打了个电话，不一会儿公司的维修人员就赶到了。

其实，当时小朱完全可以不管这件事，而且他还有自己的事要做，然而他并没有这么做。

回到公司上班之后，小朱还特意给那位顾客打了个电话。确定对方一切都满意后，小朱才松了一口气。

不久，小朱的这一行为就被经理知道了。经理不仅表扬了小朱，还号召大家向小朱学习。

无论是在工作中还是在工作时间之外，小朱都能以老板的心态对待工作。像小朱这样的员工，自然会受到经理的重视和欣赏。一旦拥有提升的机会，想必一定是非他莫属。

在现实中，部分员工认为自己是给老板打工的。他们单纯地认为，公司是老板的，自己只是为其打工获取报酬的。有的员工甚至无意有意地将自己和老板置于对立的位置。凡是拥有这种想法的人，在工作中无一不是敷衍工作，把原本有乐趣的工作当成苦差事，把老板当成监工。这样的员工不但对公司毫无感情，而且也无法积极地投入工作。

只有当员工把自己当成公司的主人，以老板的心态参加工作时，才能够认真、负责地对待公司的每一件事，才能热爱公司，积极处理公司的事务。只有像老板一样尽心尽力地工作，才是发挥更大的工作潜能，才能在众多的同事中脱颖而出，才能赢得更多的机会，才能赢得成功。

职场必读

　　作为一个员工，无论从事何种职业，无论身处何种职位，只要时刻将自己当成公司的主人，处处为公司着想，并能够积极、主动、勤奋的工作，就一定能够成为老板最信赖的员工，从而成为公司最需要的员工。

拥有职业使命感

　　各行各业都需要具有强烈的职业使命感的人。对于具有使命感的员工，没有什么是不能改变的，也没有什么是不能实现的。心中长存使命感，同老板一起奋斗，把公司做大做强，这是员工共同的目标，更是员工共同的责任。

　　美国纽约中央铁路公司前总裁佛里德利·威尔森谈及如何对待工作和事业时说："不论挖土，还是经营大公司，都认为自己的工作是一项神圣的使命。不论工作条件有多么困难，或需要多么艰难的训练，始终用积极负责的态度去进行。只要抱着这种态度，任何人都会成功，也一定能达到目的，实现目标。"

　　因为没有明确的使命，很多人只能过着得过且过、受人操纵的生活。只有意识到自己的使命并去努力实现，我们才能主宰自己的命运。我们经常听到有人说："过一天算一天吧，不至于丢掉饭碗就行了！"这种人实际上就缺乏强烈的工作使命感。

在第一次世界大战期间的一次恶战中，法国著名将军狄龙带领兵团进攻一个城堡，遭到了敌人的顽强抵抗，步兵团被对方火力压住无法前行。

狄龙情急之下对部下说："谁设法去炸毁城堡，水就能得到1000法郎。"他以为士兵们会前赴后继，勇往直前，谁知却没有一个士兵冲向城堡。

一位军士向狄龙进言："长官，要是你不提悬赏，全体士兵都会发起冲锋。"狄龙听罢，立即转发另一个命令："全体士兵，为了法兰西，前进！"结果，整个步兵团从掩体里冲了出来。

使命感是激发员工勤奋工作的动力，是整个公司生命力的保障。把工作看成神圣的使命能极大调动人的积极性，人们对公司的责任感会随着完成使命的行动而越来越强烈。

有"护理学之母"美誉的南丁格尔，创立了真正意义上的现代护理学。她是克里米亚战争中赢得最高声誉的女士，因为她可以在工作中连续站立20多个小时来分派任务。

一位同她一起工作过的外科医生说："我曾经同她一起做过很多重大的手术，她可以在做事的过程中把事情做到非常准确的程度……特别是救护一个垂死的重伤员，我们常可以看见她穿着制服出现在那个伤员面前，用尽她全部的力量，使用各种方法来减轻他的疼痛。"

有的士兵说："她和一个又一个伤员说话，向更多的伤员点头微笑。我们每个人都可以看着她落在地面上的亲切的影子，然后安心地将自己的脑袋放回到枕头上睡去。"也有的士兵说："在她到来之前，那里总是乱糟糟的，但在她来过之后，那里圣洁得如同一座教堂。"

一个人来到世上并不是为了享受，而是为了完成自己的使命。正是因为对工作的强烈使命感，南丁格尔在短短3个月内，使伤员的死亡率从42%下降到2%，创造了当时的奇迹。

一个人的最大动力，不是来自物质的诱惑，而是来自精神上的执着追求，越忠于内心的使命和追求，就越会全力以赴地去完成任务和使命。

对你所做的工作，要充分认识到它的价值和重要性，它对这个世界来说是不可或缺的。全身心地投入你的工作中，把工作当成特殊使命，把这种信念深深植根于你的头脑之中。让使命感深植于心中，在平凡的岗位上照样可以做出不平凡的事情。

那些在事业上有所成就的人，都会为自己设定明确的目标，制定出达到目标的计划。他们会在向目标奋进的过程中提醒自己目标所在，并付出最大的努力来实现目标。

还是一个不到13岁的少年时，马贝恩就要求自己将来一定要有所作为。谁能想到，一个未满13岁的孩子会把自己的人生目标定在纽约大都会街区铁路公司总裁的位置上。

为了实现这个目标，马贝恩从13岁开始就与一伙人为城市运送冰块。虽然没有上过几天学，但他总是充分利用闲暇时间学习知识来充实自己，并想方设法向铁路工作靠拢。

18岁时，经朋友介绍，马贝恩进入了铁路行业，在长岛铁路公司的夜行货车上当一名装卸工。他觉得这是一个难得的机遇。尽管每天的工作又脏又累，但他一直都保持着快乐的学习心态，并因此受到上司赏识，被安排做检查铁轨和路基的工作。虽然每天只能赚一美元，但马贝恩觉得自己已经在向铁路公司总裁的职位迈进了。

随后，马贝恩被调到铁路扳道工的岗位上。他仍一如既往地勤奋工作，并利用空闲时间帮主管们做些力所能及的工作。他说："记不清有多少次了，我不得不工作到午夜十一二点钟，才能统计出各种关于火车的盈利与支出、发动机耗量与运转情况等相关数据。正是通过这些工作，我迅速掌握了铁路各部门具体运作情况的第一手资料。通过这种途径，我对这一行业所有部门的情况了如指掌。"

尽管在以后的工作生涯中，马贝恩不停地调换工作部门，但无论做什么工作，他都没有忘记自己的目标和使命。他不断补充自己的铁路知识，最终成为公司的总裁，实现了自己的职业目标。

明确的目标可以让一个人充满自信和激情。当一个伟大的目标或一个非凡的计划激励着你的时候，你的心灵会超越它平常的界限；你的各种潜力和才能都开始复苏；你会发现自己置身于一个奇妙的世界。

如果想在职业生涯中有所成就，就应当规划自己的职业方向，提前为自己设定明确的目标。目标是一个人的行动指南。找准目标，才能把需要做的事情做好，才能让工作更有成效。职业使命感可以让你把个人目标融入团队目标，时刻履行自己的职责，在努力工作中看到成功的曙光。

使命感促使人们积极采取行动，实现自我信仰和人生目标。具有使命感的人，会把工作看成一种使命，极大地调动自己的积极性，驱使自己自动自发地干好每一项工作；能够具有坚强的意志和极强的探索精神，肯在工作领域里刻苦钻研，尝试创新。他们不是被动地等待新使命的来临，而是积极主动地寻找目标和任务。

职场必读

只有把工作视为成就事业的使命，清楚自己在公司中处于什么样的位置，在这个位置上应该做些什么，才能把自己该做的事情做好，进而为自己的职业成功赢得机遇。优秀的员工需要心中长存使命感，绝不放弃对使命的追求，无论发生什么情况，即使面对诱惑和困难，也会一如既往地把任务执行下去，尽职尽责地将工作做到尽善尽美。

责任，在其位就要担其责

有责任心的员工，将责任意识深植于内心，在工作中，不管遇到什么困难，都不会一味找借口为自己开脱，而是尽己所能做好自己的事。显而易见，公司最需要的人必定是那些无论什么情况下都勇于负责的员工。

心中长存责任意识

无论从事何种职业，你都应该心中长存责任意识，敬重自己的工作，在工作中表现出忠于职守、尽心尽责的职业精神。

工作就意味着责任。每一个职位所规定的工作任务就是一份责任。你从事这份工作就应该担负起这份责任。我们每个人都应该对所担负的责任充满责任意识。

责任是指对任务的一种负责和承担，而责任意识则是一个人对待任务、对待公司的态度。责任意识是简单而无价的。在美国前总统杜鲁门的桌子上摆着一个牌子，上面写着：Book of stop here（责任到此，不能再推）。一个人责任意识的强弱决定了他对待工作是尽心尽责还是浑浑噩噩，而这又决定了他工作成绩的好坏。如果你在工作中，对待每一件事都是"Book of stop here"，出现问题也绝不推脱，而是设法改善，那么你将赢得足够的尊敬和荣誉。

当对工作充满责任意识时，我们就能从中学到更多的知识，积累更多的经验，并且从全身心投入工作的过程中找到快乐。这种习惯或许不会有立竿见影的效果，但可以肯定的是，当懒散敷衍成为一种习惯时，做起事来往往就会不诚实。工作是人们生活的一部分，粗劣的工作，不但降低工作的效能，而且还会使人丧失做事的才能。工作上投机取巧也许只给你的公司带来一点点的经济损失，但却可能毁掉你自己的一生。

责任意识是我们战胜工作中诸多困难的强大精神动力，它使我们有勇气排除万难，甚至可以把"不可能完成"的任务完成得相当出色。一旦失去责任意识，即使是做自己最擅长的工作，也会做得一塌糊涂。

凯里格做了一辈子的木匠工作，他因敬业和勤奋而深得老板的信任。由于年老力衰，凯里格向老板提出了退休，想退休回家与妻子儿女共享天伦之乐。老板十分舍不得他，再三挽留，但是他去意已决，不为所动。老板只好答应他的请辞，但希望他能再帮助自己盖一座房子。凯里格自然无法推辞。

凯里格早已归心似箭，心思全不在工作上了。用料也不那么严格，做出的活儿也全无往日的水准。老板看在眼里，但却什么也没说。等到房子盖好后，老板将钥匙交给了凯里格。

"这是你的房子，"老板说，"我送给你的礼物。"

凯里格愣住了，悔恨和羞愧溢于言表。他一生盖了那么多豪宅别墅，最后却为自己建了这样一座粗制滥造的房子。

同样一个人，可以盖出豪宅别墅，也可以建造出粗制滥造的房子，不是因为技艺减退，而是因为失去了责任意识。如果一个人希望自己一直有杰出的表现，那就必须在心中种下责任的种子，让责任意识成为鞭策、激励、监督自己的力量，使自己在工作中没有丝毫的懈怠。

或许有人会说，只有那些有权力的人才需要很强的责任意识，而自己只是一名普通员工，只要把事情做完了就行了，至于责任意识有无皆可。其实，公司是由众多员工组成的，大家有共同的目标和利益。公司的每个人都负载着公司生死存亡、兴衰成败的责任，无论职位高低都应该具有很强的责任意识。

那些缺乏责任意识的员工，不会视公司的利益为自己的利益，也就不会因为自己的所作所为影响到公司的利益而感到不安，更不会处处为公司着想，为公司留住忠诚的顾客，让公司拥有稳定的顾客群。这样的人是不可靠、不可以委以重任的，一旦伤害公司和客户的利益，公司会毫不犹豫地将其解雇掉。

有责任意识的员工，不仅仅要完成自己分内的工作，而且要时时刻刻为公司着想。公司也会为拥有如此关注公司发展的员工感到骄傲，也只有这样的员工才能够得到公司的信任。事实上，只有那些能够勇于承担责任并具有很强责任意识的人，才有可能被赋予更多的使命，才有资格获得更大的荣誉。

小田千惠是日本索尼公司销售部的一名普通接待员，工作职责就是为往来的客户订购飞机票、火车票。有一段时间，由于业务的需要，她时常会为美国一家大型公司的总裁订购往返于东京和大阪的飞机票。

后来，这位总裁发现了一个非常有趣的现象：他每次去大阪时，座位总是紧邻右边的窗口，返回东京时，又总是坐在靠左边窗口的位置上。这样每次在旅途中他总能在抬头间看到美丽的富士山。

"不会总有这么好的运气吧？"这位总裁对此百思不得其解，就借一个机会问小田千惠。

"哦，是这样的，"小田千惠笑着解释说："您乘车去大阪时，日本最著名的富士山在车的右边，而回来时富士山却在车的左侧。据我的观察，外国人都很喜欢富士山的壮丽景色，所以，每次我都特意为您预订可以一览富士山的位置。"

听完小田千惠的这番话，那位美国总裁由衷地称赞道："谢谢，真是太谢谢你了，你真是一个很出色的雇员！"

小田千惠笑着回答说："谢谢您的夸奖，这完全是我职责范围内的工作。在我们公司，其他同事比我更加尽职尽责呢！"

美国客人在感动之余，对索尼的领导层不无感慨地说："就这样一件小事，贵公司的职员都做到尽职尽责，那么，毫无疑问，你们会对我们即将合作的庞大计划尽心竭力的，所以与你们合作我一百个放心！"

令小田千惠没有想到的是，因为她的尽职尽责，这位美国总裁将贸易额从原来的500万美元一下子提高至2000万美元。更令小田千惠惊喜的是，不久她就由一名普通的接待员提升至接待部的主管。

像小田千惠这样的人在公司中无疑就是一名最有竞争力的员工，因为她将责任根植于内心，让责任成为其脑海中的一种自觉意识。这样一来，在日常的行为和工作中，这种责任意识才会让她表现得更加卓越。因为她清楚，作为一名合格称职的好员工，就必须尽职尽责，对她的岗位和公司感到自豪，对于她的同事和上级有高度的责任义务感，对于自己表现出的能力有充分的自信。

勇于承担职业生涯中的责任，你一定能够比别人完成得更出色。世界上最愚蠢的事情就是推卸眼前的责任，认为等到将来准备好了、条件成熟了再去承担就是了。在需要你承担责任的时候，立刻去承担它，这便是最好的准备。假若不习惯这么去做，即使等到条件成熟了，你将不可能承担得起责任，也不会做好任何重要事情。

对待工作，是充满责任意识、尽自己最大的努力去完成任务，还是敷衍了事，这正是事业成功者和事业失败者的分水岭。事业有成者无论做什么，都力求尽心尽责，丝毫不放松努力。

职场必读

职责是每个人的使命所在，是所有公司崇尚的一种精神财富。一个优秀的员工要做的只是对你的工作、对你所在的公司负责。工作就意味着责任，一个敢于承担责任的人，走到哪里都将会成为一名优秀的最有竞争力的员工。

不为责任寻找借口

盖布尔在一家公司做采购员。一次，他在准备采购一位卖主提供的新款手提包时，发现自己在评估上犯下了一个严重的错误。公司明文规定，采购员绝对不能用尽"可支配账户"上的存款数额，否则就只能等到资金回笼时才能购买新商品，而这通常要等到下一个购买季节。

盖布尔意识到，如果他预先留下一笔资金，就可以抓住这个好机会。现在他面临两种选择：一是放弃这笔生意，而这种新款手提包肯定会给公司带来很大的收益；二是向老板承认错误，并请求追加拨款。正当他一筹莫展的时候，老板正巧经过。盖布尔当即对老板说："我遇到了麻烦，而这都是由于我犯的错误所致。"并向他说明了做成这笔生意的重要性。

尽管老板明白这是由于盖布尔没有做好评估所致，但还是对他的坦诚和敢于承担表示肯定，并很快给他拨款。结果，这种新款手提包一上市就被抢购一空。

人非圣贤，孰能无过。犯了错误并不可怕，最主要的是勇敢地承认错误，承担过失，并努力寻找可以弥补失误的办法。对于一个勇于承认错误并设法加以弥补的员工，老板会给他更多的包容和谅解。

任何一个公司总是希望把工作交给责任心强的人，谁也不会把重要的职位交给一个遇到问题总是推三阻四、找出一大堆借口的人。

苗苗在一家大型建筑公司任设计师，常常要跑工地，看现场，还要为不同的老板修改工程细节，异常辛苦。虽然她是设计部唯一的女性，但她从来没有逃避超强体力的工作。不管是爬楼梯到20层，还是去野外勘测，她从来都是二话不说，主动去做。

一次，老板要为客户安排一个可行性的设计方案，时间只有三天，同事们感到时间紧迫，都不愿接受这项工作。当老板最后把这项任务交给苗苗时，她二话没说，一接到任务就去看了现场，开始工作。三天时间里，她在异常紧张亢奋的状态下度过。她食不知味，寝不安枕，满脑子都想着如何把这个方案做好。她到处查资料，虚心向别人请教。虽然大家都知道这是一件很难做好的事情，但谁也没有想到，眼睛布满血丝的苗苗准时把设计方案交给了老板，并获得了肯定。

老板告诉她，他最欣赏像苗苗这样对于领导交代的工作认真执行，并敢于负责的人。很快，苗苗成为设计部的主力军，被提升为设计部主管，工资也翻了两倍。

积极落实上级指派的任务，不仅能使自己的能力得到提升，还能很好地维护公司的利益，更能体现自己对工作认真负责的精神；而推托和懈怠不仅会贻误最佳战机，而且更会损坏公司的利益。

找借口推卸责任，对公司具有很大的危害性。有的员工会这样说："公司经营好坏和我有什么关系呢？我只不过是被雇用的员工。公司垮了，我大不了另找一份工作，自己并没什么损失。"其实，利用借口逃避责任，最大的受害方，并不是公司，而恰恰是那些找借口的人。

有些员工只想着得过且过，在做不好事情、完不成任务时把借口当成敷衍别人、原谅自己的"挡箭牌"；他们宁愿花费时间、精力找借口来逃避，也不愿花费同样的时间、精力来完成工作；他们把借口作为掩饰弱点、推卸责任的"万能器"，往往忘记了自己的职责，使自己渐渐变得懒惰起来。

不管个人，还是团队，甚至公司，只有学会在问题面前、困难面前、错误面前勇于承担自己的责任，个人才能走向成功，团队才会增强战斗力，公司才能做大做强。

公司的老板都很清楚，一个能够勇于承担责任的员工，对于公司有着重要的意义。问题出现后，推诿责任或者找借口，都不能掩饰一个人责任感的匮乏。只有对自己的行为负责，主动承认错误，以负责的态度弥补过失，对公司和老板负责，对客户负责，才是受欢迎的员工，也只有这样的员工，才能在公司中有所发展。

一个牙科医生第一次给病人拔牙，非常紧张。他刚把牙齿拔下来，不料手一抖没有夹住，牙齿掉进了病人的喉咙。

"非常抱歉，"医生说，"你的病已不在我的职责范围之内了，你应该去找喉科医生。"

当这个病人找到喉科医生时，他的牙齿掉得更深了，喉科医生给病人做了检查。

"非常抱歉，"医生说，"你的病已不在我的职责范围之内了，你应该去找胃病专家。"

胃病专家用X光为病人检查后说："非常抱歉，牙齿已经掉到你的肠子里了，你应该去找肠病专家。"

肠病专家同样做了X光检查后说："非常抱歉，牙齿不在肠子里，它肯定掉到更深的地方了，你应该去找肛门病专家。"

最后，病人趴在检查台上，摆出一个屁股朝天的姿势，医生用内窥镜检查了一番，然后吃惊地叫道："天哪！你这里长了颗牙齿，应该去找牙科医生。"

无论在生活中，还是在工作中，我们每个人都承担着一定的责任。如果硬把自己本该承担的责任推给别人，结果只会让自己肩上的压力越来越大。是该你做的事，你就必须得自己做，而且还要全力以赴做到最好。

在公司中，有一些经理总抱怨老板不授权，权力太小，无法管理员工。遇到真正的麻烦时，他们往往会把问题往老板那一交："你看该怎么办？"这些经理不会去想，他拿的薪水比员工多，权力比员工大，那么问题就应该到他这里为止。

　　一家公司在开季度会议。营销部门的经理说："最近销售做得不好，我们有一定责任，但是最主要的责任不在我们。竞争对手纷纷推出新产品，比我们的产品好，所以我们很不好做，研发部门要认真总结。"

　　研发部门经理说："我们最近推出的新产品是少，但是我们也有困难呀，我们的预算很少，就是这少得可怜的预算，也被财务削减了！"

　　财务经理说："是，我是削减了你的预算，但是你要知道，公司的成本在上升，我们当然没有多少钱。"

　　这时，采购经理跳起来："我们的采购成本是上升了10%。你们知道为什么吗？俄罗斯的一个生产铬的矿山爆炸了，导致不锈钢价格上升。"

　　营销部门、研发部门和财务部门的经理恍然大悟地说："哦，原来如此呀，这样说，我们大家都没有多少责任了。"

　　这就是职场中大多数人的心态，可是他们有没有想过，这种做法对他们自己究竟有什么好处呢？表面上看，他们暂时可以避免一些麻烦，可实际上却为自己埋下了祸根。因为他们的不负责任，他们将失去丰厚的薪酬，甚至是自己的工作。

　　出现问题时，不要推卸你的责任。失败的人永远找借口，成功的人永远找方法。只有敢负责任的人，才是主宰自我生命的设计师，才是命运的主人，才能获得生命的自由，才能赢得别人的尊重和爱戴。

职场必读

　　勇于负责的员工明白，要想改变自己的生活境况和人生境遇，就要从负责任入手。找借口是丝毫不费力的事情，但是这样做的话，你表面上得到了安慰，而实际上却一事无成。

责任造就成功

华盛顿出生在一个大庄园主家庭，家中有大片果园。果园里长满了果树，但其中生长着一些杂树。这些杂树不仅不结果实，而且影响果树的生长。

一天，父亲递给华盛顿一把斧头，要他把影响果树生长的杂树砍掉，并再三叮嘱，一定要注意安全，不要砍伤自己的脚，也不要砍伤正在结果的果树。在果园里，华盛顿挥动斧子，不停地砍着。突然，他一不留神，砍倒了一棵樱桃树。他害怕父亲知道了会责怪他，便把砍断的树堆在一块儿，将樱桃树盖了起来。

傍晚，父亲来到果园，看到了地上的樱桃，就猜到是华盛顿不小心把果树砍倒了。然而，父亲却装作不知道的样子，看着华盛顿堆起来的断树说："你真能干，一个下午不但砍了这么多树，还把砍断的杂树都堆在了一块儿。"

听了父亲的夸奖，华盛顿的脸一下子红了。他惭愧地对父亲说："爸爸，对不起，只怪我粗心，不小心砍倒了一棵樱桃树。我把树堆起来是为了不让您发现我砍倒了樱桃树。我欺骗了您，请您责罚我吧！"

父亲听了之后，充满慈爱地对华盛顿说："好孩子！虽然你砍掉了樱桃树，应该受到批评，但是你勇敢地承认了自己的错误，我原谅你了。我宁可损失掉1000棵樱桃树，也不愿意你说谎，逃避责任！"

华盛顿疑惑不解地问："承认错误真的那么重要？能和1000棵樱桃树相比？"

父亲耐心地说："敢于承认错误是一个人应该具备的最起码的品德。只有敢于承担责任的人才能在社会上立足，才能取得别人的信任。看到你今天的表现，我就放心了。以后把庄园交给你，你肯定会经营好的。"

长大以后，华盛顿一直以强烈的责任感来约束和激励自己。

勇于负责会让你敢于承担更大的责任，取得优异的成绩，这样自然比别人更能获得加薪和晋升的机会。勇于负责会让你积极主动地为公司的发展出力流汗、建言献策，这样自然会得到老板的重用。勇于负责会让你的人格变得高尚，赢得同事的尊敬和老板的赏识，使你向未来的成功和辉煌积极地迈进。

一个人承担的责任越大，付出的就越多，这也是很多人不愿承担重任的原因。有些人不想把时间百分之百地投入工作中去，更不愿意下班后还要考虑工作，影响自己的生活，他们自然也不会获得多大的成功。

责任感不一定要由大事去衡量，由平常小事也可以表现出来。每天下班以前，他是否把自己的办公桌整理好，是否肯把掉在地上的废纸随手捡起来；有错误的时候，他是否勇于承认，立刻弥补，这些不仅反映一个人的品德，而且也可预示一个人的成败。

工作结束之后，你是否习惯去检讨一下成败得失呢？唯有在检讨之后，你才可发现错误或疏漏，才可及时去改正或作为下次工作的参考。事后的检讨是进步的来源，它并不是要你去做无益的追悔，而是要你从中获得可贵的经验。

对于工作，一时的热忱容易，持久的热忱困难；短暂的成功容易，持续的成功困难。必须时时求新，日日求进，避免自足自满。只有能够把工作视为与自己荣辱相关，祸福与共，才会享受到真正的成功。

很多员工上班下班，只是机械地应付工作，根本就没有想认真地工作，对工作更谈不上有责任感了。这些人认为，自己只是普通员工，做好做坏影响不大，哪怕出了事情，也是领导去负责；只有权力大、职务高的"大人物"才有责任，自己是普通的员工，没有必要负责任。这些人的认识是很片面的。一个组织的成败的关键，就是所有成员有没有责任意识，能不能承担起自己应负的责任。

一家工厂的入口处，有一根生了锈的大铁钉被丢弃在地上。进进出出的员工，看到这种情况表现各异。第一种员工根本没看见，抬脚横跨而过。第二种员工看到了铁钉，也警觉到它可能产生的危险，不过这些员工所持的态度又可能出现三种不同的类型：第一类心想别人会捡起来，不用自己多事，只要自己小心，实在不必庸人自扰，于是视若无睹，改道而行；第二类认为自己现在太忙，还有很多要事待解决，等办完事后再来处理那根铁钉；第三类则抱着小心谨慎、事不宜迟的态度，马上弯腰捡起铁、钉并妥善处置。

一根小小的铁钉就揭示了无数人的心态。第一种员工是浑浑噩噩过日子的人，完全没有觉察环境的变化，直到下岗时，可能还不了解原因。第二种员工虽有警觉，但是又可以分为三类人：第一类是属于自私型，一切行动以自己的利益为考虑，只扫自家门前雪，不管他人瓦上霜；第二类是消极推脱的人，且找出一大堆的理由；第三类是积极负责的人，这种类型的人具备问题意识、忧患意识，具有责任感，是公司想要网罗的人才。

没有责任感的员工不是优秀的员工。所有的成功人士，都有一个共同的品质——责任感。聪明、才智、学识、机缘等固然是促成一个人成功的必要因素，但假如缺乏了责任感，那他仍是不会成功的。

一个没有责任感的人，在工作时一定不会认真，对他的工作是否有成绩也不会很细心地去检讨，也不愿去承担工作失败的后果。他的聪明或许可以掩盖工作上的失误或不圆满之处，在上级面前也许很容易获得通过。但是，由于缺少一种真正的责任感，日久天长，他的工作总难免因一再的疏漏而产生不良的后果。

哪怕一个人的聪明才智差一点，但假如他肯对工作负责，那他获得成功的机会必定比只有聪明才智而无责任感的人要多得多。

职场必读

　　责任是成就人生的基石，是完善自我、成就自我的翅膀。那些事业有成的人，无不具有勇于负责的品质。成功者对自己所说的和所做的一切负全部责任。

工作中离不开责任

　　员工应该将责任根植于内心，让它成为脑海中一种强烈的意识。在日常行为和工作中，这种责任意识会让我们表现得更加卓越。我们经常可以见到这样的员工，他们在谈到自己的公司时，使用的代名词通常都是"他们"而不是"我们"，比如，"他们业务部怎么怎么样""他们财务部怎么怎么样"，这就是一种缺乏责任感的典型表现，这样的员工至少没有一种"我们就是整个机构"的认同感。

　　工作就意味着责任。在这个世界上，没有不需承担责任的工作。职位越高、权力越大，肩负的责任就越重。

　　工作中最愚蠢的事情莫过于推卸眼前的责任，认为等到以后准备好了、条件成熟了再去承担才好。在需要你承担重大责任的时候，马上就去承担，这就是最好的准备。如果不习惯这样做，即使等到条件成熟以后，你也不可能承担起重大的责任，也不可能做好重要的事情。

　　只要是公司的一员，你就要责无旁贷地承担你的一份责任。没有责任感的员工是不可能成为优秀员工的，也不会是公司所需要的员工。只有那些敢于承担责任的员工，才可能担当重任，才可能被赋予更多的使命，也才有资格获得更多的报酬和更大的荣誉。

13岁时，法里斯开始在父母的加油站工作，那里有三个加油泵、两条修车地沟和一间打蜡房。法里斯想学修车，但他的父亲却让他在前台接待顾客。

汽车开进来时，法里斯必须在车子停稳前就站到车门前，然后开始检查油量、蓄电池、传动带、胶皮管和水箱。法里斯观察到，如果他干得好的话，顾客还会再来。于是，法里斯总是多干一些，比如，帮助顾客擦去车身、挡风玻璃和车灯上的污渍。

有一段时间，一个老太太每周都会开着她的车来清洗和打蜡，这辆车内的地板凹陷很深，打扫起来很费劲，而且老太太又是个很难打交道的人。每次，当法里斯把车给她保养好时，她都要再仔细检查一遍，让法里斯重新打扫，直到清除完每一缕棉绒和灰尘，她才满意。

终于有一天，法里斯实在忍不住了，不愿意再接待她了。父亲知道后，语重心长地对法里斯说："记住，孩子，这就是你的工作！不管顾客说什么或做什么，你都要做好你的工作，并以应有的礼貌去对待顾客。"

成年后，事业有成的法里斯回忆说："正是在加油站的工作使我学习到了严格的职业道德和应该如何对待顾客，这些东西在我以后的职业生涯中起到了非常重要的作用。"

既然从事了一种职业，选择了一个岗位，就必须接受它的全部，而不仅仅只享受它给你带来的益处和快乐。面对你的职业，你的工作岗位，要时刻记住，这就是你的工作。不要忘记你的责任，工作呼唤责任，工作意味着责任。

员工没有责任感，公司就不能成为一个公司，因为一丁点儿的责任就可以为一个公司挽回巨大的损失；一丁点儿的不负责也可能使一个公司濒临绝境，所以说员工的责任感很大限度上决定着一个公司的命运。

员工的任何马虎都可能导致整个公司蒙受巨大的损失。如果一个员工没意识到责任对于他乃至整个公司的重要性，那么他就已经丧失了在这个公司工作的资格。

威廉·贝内特说："工作是我们用生命去做的事。"我们应该怀着感激和敬畏的心情，尽自己的最大努力，把它做到完美。

既要有丰厚的报酬，又不需要承担任何责任，这样的事是很少见的。如果要暂时不负责任，当然有可能，但要免除所有的责任，是会付出巨大的代价的。当责任从前门进来，你却自后门溜走，你失去的可能就是伴随责任而来的机会。对大部分的职位而言，报酬和所承担的责任有着直接的关系。

主动要求承担更多的责任或自动承担责任是成功者必备的素质。大多数情况下，即使你没有被正式告知要对某事负责，也应该努力做好它。负责任就是积极担负起属于你的事情，而不是被动地完成。

推脱责任成了一部分人的思维定式，一遇到事情，就习惯地说"不"。久而久之，他们连本来能够胜任的东西也不擅长了，等待他们的，似乎只有一种结局：庸庸碌碌，无所作为。

我们不需要把整个世界的重担压在肩头或心头。只要我们耕耘一小块土地，承担一小部分任务，影响一个小小的圈子，整个世界就会完美许多。假使我们英勇坚毅，竭尽心力去做，那就更好了。

如果公司中每个人每天都能老老实实、诚诚恳恳地尽自己的责任，那么许多人的成就累积起来，便极为可观。众人的努力，就会像千万片雪花可以滚成一个大雪球一样，能在世界上汇成一种无比强大的力量。

职场必读

　　只要还在工作，你就没有理由不认真对待工作。当你在工作中遇到困难时，当你试图以种种借口来为自己开脱时，让这句话来唤醒你沉睡的意识吧：记住，这是你的工作！

在其位就要谋其事

一个人应该努力去扮演好自己的角色，在家要扮演好家庭角色，在社会上则应该扮演好社会角色。这样的人，才是一个称职的人，才能走向成功。

在现实中，我们发现，真正能做到"在其位，谋其事"的人却是少之又少。有些员工"身在其位，心谋他政"，眼睛盯着更好的职位，慨叹自己空有一身才华却无处施展，在抱怨中度日。这样的员工是不称职的，而且还会错过很多宝贵的发展机会。

通过观察那些在职场中获得成功的人，我们不难发现，这些人不论做什么事情，都是"身在其位，心谋其事"，认认真真把本职工作做到位，所以，他们往往能在平凡的岗位上做出不平凡的业绩，也正因为如此，他们总能在职场中获得成就梦想的机会。

只有忠实地对待自己的工作，忠诚地对待公司，充分自己发挥自己的才智，才能巩固你现有的位置。在老板的眼中，永远不会有空缺的位置。如果你想与自己的位置保持一种长期性的关系，那你就应在其位，谋其事，坚持把工作做到位。

每个职位，对公司的生死存亡都起着至关重要的作用。如果有哪位员工在其位不能谋其事，那么其所在位置的运作就会出现问题。而当一个位置的价值得不到充分体现时，就会直接削弱整个公司的生命力。

无论从事什么工作，只要你已经着手了，就千万别心猿意马地着迷于那些不切实际的诱惑。你一定要珍惜每一个工作机会，对工作绝不能吝啬勤奋和汗水，一定要全力以赴，把该做的事情做到位，否则在失去后再痛心疾首，也追悔莫及。

巩固自己的位置需要全心全意、尽职尽责地工作，把该做的工作做到位，并且要做到精益求精。

在其位就要谋其事，这是一个人负责任的最好表现，说明你对自己所从事的工作有信心和热情。只要你认准了目标，有一份自己认同的工作，那么就要认真努力地去做。在努力工作的过程中，你会熟悉技艺，并锻炼出稳健的性格。同时，你踏实工作的作风，也会赢得同事的认同、老板的欣赏，这些反过来又会促进你的工作提升。

任何技艺和经验的摸索都源于踏实的工作。只有亲身体会，才能逐渐完善改进，而在其位谋其事便是踏实的表现。如果你在自己的专业领域里把工作干得很到位、很完美，那么你就是一个成功的人。

热爱本职工作，尽职尽责做好属于自己的工作，不到退休那一刻绝不抛弃自己的本职工作，这样的员工无论在哪一个岗位上，都能够兢兢业业、任劳任怨地发挥自己的智慧和才干。

无论在哪个职位上，都要义不容辞地把事情做好。如果怠慢消极，保守落后，那么自然就会遭到淘汰。"物竞天择"不仅是大自然的规律，也是职场上不容忽视的真理。

热爱本职工作是每个公司对员工的基本要求，也是员工尽职尽责的前提，更是公司最需要的员工的基本素质。需要指出的是，人们对于那些条件好、待遇高又轻松的工作，做到爱岗敬业相对比较容易。但如果一个人从事的工作环境艰苦、繁重劳累、内容单调、技术性低、重复性大，甚至还有危险性，要做到爱岗敬业就不容易了。

即使有一个很好的工作环境，但如果总是一成不变的话，任何工作都会变得枯燥乏味。许多在大公司工作的员工，拥有渊博的知识，受过专业的训练，有令人羡慕的工作，拿不菲的薪水，但是他们中的很多人对工作并不热爱，视工作如紧箍咒，仅仅是为了生存而工作。因此，他们的精神总是紧张、烦躁，工作对他们来说毫无乐趣可言。

一份工作是否有趣，取决于你的态度。对于工作，我们可以做好，也可以做坏；可以高高兴兴和骄傲地做，也可以愁眉苦脸和厌恶地做。如何去做，这完全在于自己。既然是这样，我们在对待工作时，何不让自己注入活力与热情呢？

一个人适合于干什么工作，不是由社会潮流和个人主观愿望决定的，而是取决于个人特长、爱好、性格等因素。有句话说："工作着是美好的。"如果你做的是"天生喜欢"的事，那你可以很容易地在工作中发现乐趣。如果你做的是单调枯燥的事，那你就很可能在心理上和情绪上受到挫折。那些成功的人，总是利用两件法宝——毅力和热忱。毅力使你忍耐工作的枯燥，把每件事都看成通向成功目标的踏脚石；热忱可以使你改变情绪，从工作中发现乐趣，这就是如何把单调工作变成自己喜欢做的事的技巧。

出生于音乐世家的苏珊，从小就受到良好的音乐启蒙。她非常喜欢音乐，期望自己有一天能驰骋在音乐的广阔天地里，但她却阴差阳错地考进了大学的工商管理专业。

一向认真的她尽管不喜欢这个专业，但还是认真学习，每学期各科成绩都很优异，毕业时被保送到美国麻省理工学院，攻读当时对很多学生来说都可望而不可即的MBA。后来，成绩突出的她又拿到了经济管理专业的博士学位。

现在已是美国证券界风云人物的苏珊还是颇感遗憾地说："至今，我仍说不上喜欢自己所从事的职业。如果可以重新选择，我会毫不犹豫选择音乐。"

朋友问苏珊："既然你不喜欢自己的专业，怎么学得那么棒？眼下工作又干得这样优秀？"

"因为我在那个位置上，那里有我应尽的责任，"苏珊坚定地说，"不管喜不喜欢，都是需要面对的，那是对工作负责，也是对自己负责。"

要成为一个负责的人，最基本的一点就是要对自己的工作负责，这是一个人最基本的责任和义务。

一个人无论是在普通的岗位上，还是在重要的职位上，都能秉承一种负责、敬业的精神，一种服从、诚实的态度，并表现出完美的执行能力，那么这样的人一定是公司最需要的人。

职场必读

　　每个老板都希望每一个岗位的效能尽可能地最大化，希望每一名员工都能把工作做到位。因此，在工作时，你应当集中精力踏踏实实地做每一件事，竭尽全力把它们做到位。

与公司共荣辱

作为一个职业人士，若想取得更大的成功，就必须转化思维方式，必须处处为公司着想。在工作中，只有达到了老板要求的目标，才能帮助公司赢得利润，才能得到赞同和奖励，才会被委以重任。

汤姆是一家啤酒厂的普通员工。最近，公司将全部资金投入一种新的啤酒研究中，然而这种啤酒在当地却很难打开市场，因为这家啤酒厂不是特别有名，再加上没有雄厚的资本，消费者很难相信这样的公司能生产出优质的啤酒。

半年下来，公司啤酒的销售额一直不景气，啤酒厂的资金也越来越紧张，甚至连员工的基本工资都无法支付了。这个时候，很多员工来到老板办公室，要求支付工资。当看到公司已经支撑不了多久时，他们纷纷跳槽了。

老板焦急万分，但又无可奈何，最后公司只剩下几名高层主管和汤姆了。当老板看到汤姆的时候，感到很意外，就问她："你怎么没有走呢？"

"我既然还在公司，就应该和公司一同奋战到底。无论现在的情况怎么样，只要公司不破产，我就一定会和你们同舟共济。"汤姆回答。

汤姆的话给老板点燃了一点儿希望，于是，剩下的几个人开始拼命地想对策，汤姆也加入他们的行列。针对如何才能打开啤酒市场，让消费者接受这款啤酒，他们冥思苦想了好多天，但始终没有一丁点儿的收获。

后来，汤姆开始四处调研消费者的消费心理。在一个偶然的机会，他看到市中心一尊正在撒尿的小孩铜像时，来了灵感。

回到公司之后，汤姆把自己的想法跟大家说了一下，得到一致赞同。第二天，他们就把啤酒广告的大牌子放到了广场中小孩铜像的旁边，而那个小孩撒出的"尿"也早已变成色泽金黄的啤酒。于是，人们纷纷拿起酒杯开始免费品尝啤酒。

他们的这一行为，很快就引起了媒体的注意。于是，媒体和电视台上争相报道此事，越来越多的人开始接受这家公司推出的新啤酒了。

就这样，汤姆通过自己的努力，没花一分钱将啤酒推销了出去，并在很短的时间内就赢得了大量的利润，扭转了公司的局势。在公司一切都归于正常之后，汤姆也被提拔为销售总监。

面对公司的不景气，汤姆没有像其他同事那样，选择跳槽，而是坚持留在了公司，和老板同舟共济。经过自己的努力，汤姆终于为公司打开了市场，使公司得以发展，而他自己也因此得到重用，成为公司中的重要人才。

在职场中，每一个员工都可能遇到这样的情况，但只要在关键时刻坚持和公司一起奋斗，时刻为公司着想，就一定能够拥有美好的未来。

每一个员工在工作的时候，应当充分调动自己的思维，挖空心思为公司的发展谋求更好的建议，为公司创造一些额外的东西。只有这样，才能促进公司的发展，才能为自己搭建一个更好的发展平台，才能成为最优秀的员工。

对于一个公司来说，最优秀的员工莫过于能够把公司当成自己的家，为公司的发展提出更好的建议的人。

虽然在蛋糕厂做配送工工作非常辛苦，很多时候都不能按时下班，节假日的时候更是如此，而戴明却毫无怨言。自从来到公司上班以后，他就一直非常努力，不但干活卖力，而且还帮助同事做些力所能及的事情。时间一长，大家都非常喜欢这位能干、朴实的小伙子。

然而，在蛋糕市场越来越趋向饱和的状态下，戴明所在的公司也遇到了一些困境。最近，蛋糕的销售额急剧下降。为此，老板花了很大一部分资金在媒体上做广告，但都收效甚微，眼看着厂里的蛋糕越积越多，而且很多一旦过了保质期就要被迫处理掉。

所有的员工都非常着急，但都没有什么好办法。于是，大家纷纷开始抱怨市场、抱怨公司，很多员工开始消极怠工。看着效益日下的厂子，经理虽然心急如焚，但也无可奈何。

看到这样的状况，戴明也非常着急，但是他没有像其他员工那样抱怨，而是为公司以后的发展积极地想办法。

一天早上，戴明去取牛奶的时候，看见很多人在等待，突然就来了灵感：如果公司能够在每天配送的牛奶瓶上挂一张精美的小卡片，卡片上印着公司定做蛋糕的广告，这样岂不是能让所有订购牛奶的人都看到这则广告。如果他们想订蛋糕，就可以按照卡片上的电话订货。

戴明迫不及待地将这个想法告诉了经理。经理听到之后非常高兴，马上就派人印了很多别致的精美卡片，上面还附有公司定做蛋糕的广告。

不出所料，短短几天内，公司的大量存货已经被卖完了，并且又进入了以往的生产阶段。

看到公司又回到了以往正常的运转中，经理非常开心，同时也没有忘记戴明的功劳。

公司的发展和每一位员工的命运是息息相关的。只有大家视公司的发展为己任，为提升公司的发展不断提出"金点子"，才能够促进企业的发展，进而为自己谋得更好的发展。

部分员工在提建议的时候，总是胆战心惊的。其实，完全没有必要，只要自己认为对公司有利的建议，就应该大胆地提出。每个老板都喜欢将公司的发展为己任的员工，即使你的建议不是很完美，没有得到采纳，但仍然能够赢得老板的信任。只要自己不气馁，继续努力，就一定会得到重用。

职场必读

在职场中，每一个员工都希望有一天能够功成名就，而实现的唯一方法就是学会"双赢"。一个员工，只有懂得"双赢"的道理，才能时刻将公司和个人紧密地联系在一起，才能和公司一同乘风破浪。

忠诚，员工在公司存在的基础

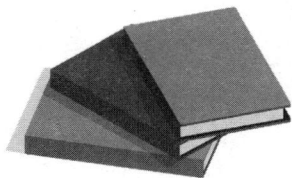

忠诚于公司的员工一定会热爱自己的工作，他不仅能够完成自己的本职工作，而且还会尽己所能为公司的利益而努力。只有将忠诚作为工作准则，员工才能真正为荣誉而工作，与公司共命运。

公司需要员工的忠诚

每个公司的发展和壮大都离不开员工的忠诚。只有全体员工对公司心怀忠诚，大家才能心往一处聚，劲往一处使，发挥出团队的力量，使公司更快地驶向成功的码头，自己也能获得更大的成就。

旅游旺季即将到来，由于竞争对手利用不正当手段揽走了大部分业务，一家原本经营效益还不错的旅行社突然陷入前所未有的困境。

老板觉得很对不起员工，就向员工宣布："公司的资金周转暂时出现了困难。如果有人想辞职，我会立即批准。如果是在过去，我会极力挽留大家的，可现在，我已经没有挽留的理由了。公司还可以给大家多发一个月的薪水，在你们找到新的工作之前，这些钱还可以支撑一些日子。如果你们继续留下来，可能就连薪水也领不到了，我不能误了大家的前途。"

"老板，我们不能走，我们不能在这个时候离开。"一个员工说。

"老板，不要灰心，我们一定能共同能渡过难关的。"另一个员工也说。

"是的，我们大家都不愿意走。我们还有一些积蓄，这段时间我们可以先不领工资。"很多员工都表明自己的态度。

于是，全体员工各司其职，上下一心，共同努力，公司经营情况很快就有所好转。

后来，这家旅行社不但没有倒闭，反而比以前做得更好。再后来，这家旅行社的老板实行了新的薪金分配制度，给那些和公司一同闯过难关的人利益分红。

在用人时，公司不仅看重个人能力，而且更看重个人品质，品质中最关键的就是忠诚度。在这个世界上，并不缺乏有能力的人，既有能力又忠诚的人才是每个公司渴求的理想人才。公司宁愿信任一个能力一般但忠诚度高的人，而不愿重用一个朝三暮四、视忠诚为无物的人，哪怕他能力超凡。

你忠诚地对待你的公司，公司也会真诚地对待你；你的敬业精神增加一分，别人对你的尊敬会增加两分。哪怕你的能力一般，只要你真正表现出对公司的忠诚，你就能赢得公司对你的信赖，就会愿意在你身上投资，给你培训的机会，提高你的技能。

忠诚于公司不能仅仅停留在口头上，应该落实到实际的行动上来。除了做好分内的事情之外，还应该表现出对公司事业兴旺和成功的兴趣。不论管理者在不在身边，都要像对待自己的东西一样照管好公司的设备和财产。

我们要认可公司的运作模式，保持一种和公司同命运的事业心。即使出现分歧，也应该树立忠诚的信念，求同存异，化解矛盾。当上司和同事出现错误时，坦诚地向他们提出来。当公司面临危难时，与它共渡难关。

员工对公司的忠诚是一个企业发展的力量来源，也是个人成长的力量，是一种稳中求进的方式，因为每个公司的发展和壮大都是靠员工的忠诚来维持的。如果所有的员工对公司都不忠诚，那这个公司的结局就只能是破产，那些不忠诚的员工也自然会失业。所以，公司的命运和员工的命运是紧密相连的。

忠诚并不仅仅意味着不背叛你的老板。忠诚的更多内涵是，你对老板的信任与欣赏，对公司前景的乐观估计，对周围环境的感激，对公司在风雨中前行的由衷敬意。换言之，就是对公司的关切，或者说是对公司的爱。只有爱你的公司，你才会对它忠诚，你才能与公司融为一体。只有公司发展了，你才能发展。

没有出众学历的晓兰在一家房地产公司做打字员工作。她的打字室与老板的办公室之间只隔着一块大玻璃，但她很少有时间向那边多看一眼，因为她每天都有打不完的材料，她知道工作认真刻苦是她唯一可以同别人一争短长的资本。她处处为公司打算，打印纸都不舍得浪费一张。如果不是重要的文件，她就会双面打印，节约用纸。

一年后，公司资金周转困难，工资开始告急，员工纷纷跳槽，最后总经理办公室的工作人员就剩下晓兰一个。人少了，晓兰的工作量也陡然加重，除了打字，她还要做些接听电话、为老板整理文件的杂活儿。

一天，老板走进晓兰的办公室，问她为什么不像别人那样为自己打算，也跳槽到其他公司。晓兰直截了当地问老板："您认为公司现在已经垮了吗？"

老板思索了一会，坚定地说："没有！"

"既然没有，您就不应该这样消沉。现在的情况确实不好，可许多公司都面临着同样的问题，并非只是我们一家。况且，我们公司并不是没有回旋的余地，我们不是还有两个公寓的项目吗？只要好好做，我相信这个项目就可以成为公司重整旗鼓的开始。"晓兰充满自信地对老板说。

然后，晓兰拿出了项目的策划文案。隔了几天，她被派去负责那个项目。两个月后，那片位置不算好的公寓全部先期售出，她拿到几千万元的支票，公司终于有了起色。

帮着老板做成了几个大项目后，晓兰成了公司的副总经理。

忠诚固然不是只强调一方就能让人满意的，但它毕竟是一方对另一方的单向承诺与付出。也许你的上司是一个心胸狭隘之人，不能理解你的真诚，不珍惜你的忠心，那么也不要因此而产生抵触情绪。上司是人，也有缺点，也可能因为太主观而无法对你作出客观的判断，这个时候你应该学会自我肯定。只要你竭尽全力，做到问心无愧，你就会在不知不觉中提高自己的能力，争取到了未来事业成功的砝码。

职场必读

　　优秀的员工会将忠诚作为一种职业生存方式。既然选择了为某个公司工作，那就要忠诚于它。你的忠诚，迟早会得到应有回报。

忠诚就是核心竞争力

　　不管是世界级大企业，还是国企或民营企业，在聘用人才的时候，都已经将忠诚列在了最显著的位置。在评价一个人的时候，越来越多的企业开始用各种各样的办法测试这个人的忠诚度。如果你给他们的感觉不够忠诚，那么不管你拥有多高的学历，他们也不会聘用你。如果缺乏忠诚，越是有才能的人，公司就越不敢用他，因为他一旦背叛，公司将承受难以估量的损失。

　　如今的职场，相当一部分人总是对"忠诚"二字不屑一顾。他们认为，忠诚不能给自己带来一分利润，只不过是个华丽的装饰罢了，何必太在意呢！这种观点显然是错误的。能够做到忠诚的人，大多是聪明踏实，品德高尚的人，而这正是公司最为看中的。

　　一个忠诚于公司的员工，不必担忧老板会不赏识你。将忠诚视为愚蠢，没有一点忠诚可言的人，才是老板最讨厌的人。作为职场中人，应该一点一滴地培养自己的忠诚度。只有忠诚，才能增加公司的凝聚力和战斗力。

　　一家公司想要长期发展下去，员工的忠诚必不可少。忠诚的员工通常是踏实的员工，能够在公司里努力工作，将为公司做出业绩视作自己的责任。忠诚的员工会通过为公司创造价值来体现自己的个人价值，以谋求更广阔的发展空间，以此来实现自己的理想。

一个地道的犹太人达格特在加拿大经营着一家名叫"苏克斯"的酒吧。虽然酒吧不大，面积只有30平方米左右，可这里的服务却热情周到。

一天，美国前国务卿基辛格到加拿大办事。作为犹太人的后裔，基辛格一直希望能够有机会见识一下犹太人的做事风格。听朋友说当地有一家酒吧是犹太人经营的，就决定去消遣一回。

于是，基辛格亲自打电话给酒吧老板，告诉他说自己想要去酒吧，同行有十几个人，同时提出酒吧要拒绝其他顾客，专心来招待他们。

像基辛格这样的政坛名人光顾如此一个不知名的小酒吧，按理说酒吧老板应该是兴奋不已。出人意料的是，达格特非常平静地说："对不起，先生。您能来本店，是我的荣幸，但我不会因为您的到来而拒绝其他客人。因为这里的客人都是老主顾，我作为一名酒吧老板，要忠诚于我的客户！"基辛格只好遗憾地挂断电话。

达格特的这番话被酒吧里喝酒的人听到了。他们将这个故事作为美谈，传遍了千家万户。后来，小小的苏克斯酒吧声誉鹊起，吸引了众多的社会名流的光顾，这些人喜欢光顾这里的原因之一就是这家酒吧的老板对顾客忠诚。

有人说忠诚是血液里流出来的秉性，品德不忠诚的人必定不是一个完全意义上的人。对有些人来说，忠诚是不变的信条，是一种职业良心，或是处世为人的原则；但对有些人来说，则是浅薄的游戏，是在脚底下任意践踏的人性之花。一个有职业道德的人，心里要有一条准则：可为与不可为。面对利益的诱惑，脆弱的人性就会断裂、扭曲。忠诚是无声的诺言，它价值千金，无物可抵；它有时表现得极为隐性，但却有着不可估量的价值。

忠诚是一家公司稳定发展的保证，是一个人在职场上的核心竞争力。只有稳定的公司才能更好地发展，只有忠诚的人才会获得更多的成长机会。如果你既想要得到老板的重用又想要获得更多的发展机会，那不妨做一个忠诚的员工。当你对公司充满无限忠诚的时候，老板就会将最重要的事情交由你去做。而你也就在这家公司有了自己的一席之地。

只有员工满怀忠诚，公司才能发展。忠诚于你的公司，实际上就是忠诚于自己。忠诚不但有利于自己的职业发展，而且还会让自己成为最终的受益者。那些不忠诚于自己公司的人，在职场上会毫无竞争力，也会让老板失去对他们的信任。

对员工来讲，忠诚可以使自己有效地与公司相融合，使自己真正成为公司的一分子。因为忠诚可以给人可靠的感觉，容易让人信任。一个人不忠诚，会让人觉得不可靠，人们就不会放心地把事情交给他做。而对于他来说，这在无形之中就是对他人格的一种否定。"一次不忠，百次不用"，表达的正是这个意思。

如果你忠于你的老板，那么，老板必会器重你。在有些公司里，有人对那些忠诚的员工嗤之以鼻，认为对公司的忠诚简直就是极其愚蠢的行为。这种心态助长了不忠诚的行为。其实，作为职业人，应该培养自己的忠诚，因为忠诚才有凝聚力。如果所有人都不忠诚，那么整个团队也就失去了战斗力。一旦市场的激烈竞争开始后，整个团队的员工都只能成为落后的挨打者。

忠诚的员工在自己的工作岗位上踏踏实实地做自己该做的事，而不会这山望着那山高。因为他们知道，只有自己安心工作，人才会有创造力，才会为公司创造出更大的价值。他们同时还知道，不能把忠诚误认为是对某个人的忠心，它在本质上是一种负责的职业精神，是一种敬业精神，而不仅仅是对某个公司或老板的忠诚。

一生之中换几次工作很正常，但不管做什么，既然做了就要做好，这是一个人应有的对待职业的高度责任感。付出多少，就得到多少，这是一个基本的社会规则。没有这种负责的精神，就不可能把工作做好。当你无法投入忠诚时，自然不会有很好的回报。其实公司给员工的回报，并不单单表现在工资等物质利益上，如果只狭隘地看待自己的工作回报，就会让人的心胸变得狭窄，而不会一如既往地付出，也就会失去更多。

公司要发展，首先应该自身安定，而公司安定与否，人心是第一位的。员工之间的互信合作，达到高度的默契，让公司形成一个同心向上的整体，这个公司才有可能向外扩展，逐渐占领市场。因此，忠诚直接地影响了公司的凝聚力。但现在很多人对忠诚有一种误解，认为因为自己忠诚于公司，公司就应该给予更多的机会，这显然不能称为正确的思维模式。如果在职场中，想赢取上司的信任与重用，视自己为得力助手，那就需要你不存私心的忠诚，而不是斤斤计较于回报的"忠诚"。

忠诚不在于空喊口号，而在于真实的行动。不要妄想你可以得到多少回报，你的一举一动都会被看在眼里。如果你确实忠实于自己的公司，那你必将被委以重任；如果你没有以忠实为代价，那你必然会被淘汰。

职场必读

现代职场，竞争压力越来越大。人与人之间的竞争，已经从过去技术上的竞争转向了能力和品德的竞争。对于一家公司的老板来讲，他们眼中最重要的就是能够对公司忠诚的人，因为忠诚的人会让他们无后顾之忧。

忠诚于自己的公司

一位父亲在儿子踏入社会之前告诫他："遇到一位好老板时，你要忠心地为他工作。假如第一份工作薪水就不错，那算是你的运气好，你要更加努力工作以感恩惜福。万一你的薪水不理想，那你就更要懂得在工作中磨炼自己的技艺。"

如果每个员工都能像那位父亲所说的那样做，公司自然会不断得到发展，员工个人的事业也能蒸蒸日上。

任何一家公司的老板都希望自己的员工忠诚，都想把那些忠诚的人留在自己的公司，而把那些到处说长道短的请走。在公司，也许你的老板还不及你有能力、聪明，但是只要他一天还是你的老板，你就得在他的领导下快快乐乐地工作，同时你还要尽心尽力去发现老板身上那些你没能拥有的东西，向他学习，你会有意想不到的收获。

对于职场人而言，忠诚最宝贵的财富。然而，许多职场人却并不这么想。这些人认为，自己在公司工作，干一天活拿一天钱，自己凭什么对它忠诚。这样的人大多工作不努力，看不起自己的职业，对领导更是不屑一顾。最终，他们会一事无成，只会对着墙壁空发牢骚。

身在职场，员工的命运就与公司的命运连在了一起。员工与公司之间是一荣俱荣，一损俱损的关系。公司需要员工来创造利润，员工需要公司来实现自我价值。一名优秀的员工，首先是一名对自己公司忠诚的员工。

拥有忠诚，是一个人最为宝贵的品质。如果你是一个忠诚的人，别人也会喜欢与你接近。在职场上，所有的老板都喜欢有忠诚的部属为其所用，最需要对他忠心耿耿的下属。

无数的事实表明，那些不忠诚的人往往会带来莫大的危害，与其共事，无异于养虎遗患。试想，一个老板怎会对此类怀着狼子野心的下属有好印象，愿意重用他呢？因此，不管你的才能有多大，学识有多高，都要有忠诚的品格，这是做人的前提。

如果对公司不忠诚，那你将很难获得重用与提拔。许多管理者在挑选下属时，宁可要那些能力普通但具有诚实、讲信誉品格的人，也不会要那些聪明能干却跳槽很多次的人。

一个对自己的公司不忠诚的员工，很难得到别的老板欣赏。当你卖弄本事，表示自己有办法，偷偷把自己公司的消息告诉别人时，即使对方得到了好处，也不会因此而尊重你、喜欢你。相反，别人会因此而鄙视你，因为你是一个随时可以背叛的人。

你可以能力不济，也可以处世不够圆滑，但是你绝对不可以不忠诚。忠诚是老板对员工的第一要求。不要试图耍小聪明和搞小动作，不管你的智商如何高明，手段如何高超，在老板面前耍手段总是会得不偿失的，如果被他们发觉，你将很难在他们手下继续做下去。

老板一般会将下属当成自己人，希望下属能够忠诚地与自己一起工作，能够拥护自己，听从自己的指挥。下属不与自己一条心，背叛自己，另攀高枝，或者"身在曹营心在汉"，存有二心，这是老板最反感的事。如果你拥有忠诚，就能够得到老板的赏识和喜爱。

在一家著名公司任国际市场副总裁助理的丹吉洛，接到了一项紧急任务：根据老板的笔记，准备好业务进展曲线图表。起草图表时，丹吉洛注意到老板写道："美元坚挺，则出口就会增加。"丹吉洛明白，事实恰恰相反。于是，丹吉洛便告知老板，已经纠正了这一错误。老板感谢丹吉洛及时发觉了他的疏忽。第二天向上呈报未出现丝毫纰漏，老板对丹吉洛做出的努力再次道谢。

成就公司等于成就自己。很多人都在抱怨自己得不到老板的重用，公司环境太差，工资太低，与老板的意见不合。有人被公司老板推一步走一步，还有人在老板的推动下也不愿意走，庸庸碌碌，却在那里整日抱怨哀叹命运不公。有人专事营私内讧，中饱私欲；有人满嘴牢骚，不思进取……其实这一切都源于他们在工作中不能找准定位，不能摆正心态。

职场必读

　　忠诚老板，就是忠诚自己的事业，就是有极强的责任心的表现。在职场上，一个忠诚的人十分难得，一个既忠诚又有能力的人更是难求。毕竟，一项事业中，需要决策的大事很少，需要具体操作的事情很多。要学会做一个忠诚的员工，忠诚带给你的收获，会远远超出你的想象。

付出忠诚会收获信赖

　　忠诚的员工，因为怀有忠诚的态度，所以工作时不会偷懒。对于他们而言，干工作的认真精神让他们学到很多知识，而这些知识不是只对工作有利，对他们自己也有很大好处。他们的态度为公司创造了利益，为自己创造了比工资更宝贵的财富。相反，那些整天陷入尔虞我诈的复杂人际关系中，动不动就打公司主意的人，即使一时得到提升，取得一点成就，也终究不会长久，而最终受到损害的还是他们自己。

　　虽然表面上看，员工缺乏忠诚度，最直接受到损害的是公司，但从更深层次的角度看，对员工自身的伤害却是最大的。那些忠诚度极高的员工无论到什么地方都会获得老板的看重，所以他们永远也不会失业，永远都是最终的受益者。

有一家销售家电产品的公司，由于老板经营不善而濒临倒闭。这个时候，公司的很多员工陆续离开了这家公司。但有一位员工，从公司有困难开始，自始至终都与老板同甘共苦。

在公司无法发放工资的情况下，即使外面很多公司提出了高薪聘请他的想法，他也没有选择离开。遗憾的是，他无法改变公司的命运，公司最后还是倒闭了，但是他却在行业里赢得了非常好的口碑，以前的竞争对手纷纷向他抛出了橄榄枝。

最后，通过原来老板的推荐，他去了一家家电生产公司做了营销经理，实现了事业上的一个大跨越。

一个忠诚的人，即使遭遇苦难，他熠熠闪光的精神也会让他转危为安。相反，一个不忠诚的人，即使处于优势，也会因为品质的不专引来祸患。所以，如果你是忠诚的人，即使一时没有利益可图，你的人格尊严和受人尊敬的地位也已经永久地保持了。你的成功会因为你的忠诚而指日可待。

西门子一直很重视员工的技能培训。一批员工经过几年培训下来，就会成为公司的得力骨干，有能力解决公司遇到的实际问题。

在西门子刚进入中国的时候，一个分公司曾招了一批员工，并经过大力培训最终成为业务骨干。一时间，公司的订单不断，利润大增。分公司老板对这批骨干也是宠爱有加，嘘寒问暖，加薪宴请。他认为：只要我给你们的待遇好，还怕你们不好好干？

可是，好景不长，那些业务主管做了几年业务下来，脑子就"活络"了，心想：手里有现成的业务骨干和客户群，如果把这群业务骨干挖走，做西门子产品的代理，自己单干，一定比在这里打工有前途。

有了这种念头，其中一个业务主管就开始偷偷地自己联系业务，为了给自己拉拢更多的客户，他给一些客户吃回扣。最严重的一次，他竟然在与外商谈判时在中间做手脚，结果导致公司损失惨重。

老板知道后怒不可遏，把包括业务主管在内的这批业务人员全部炒掉。这让公司元气大伤，这个经历在分公司老板心中留下重创，阴影难消。

后来，他明确规定，在以后招聘员工时，一定要保证员工的忠诚度。哪怕他的知识水平差点，经验不足，都可以接受，因为这些都可以通过培训来弥补，但如果员工缺乏对公司的忠诚，即使他是天才，也要将其拒之门外。

没有一个老板会喜欢一个有异心的员工。无论你的能力多么优秀，无论你的智慧多么超群，如果你缺乏忠诚，那就没有任何人会放心地把重要的事情交给你去做，没有任何人会让你成为公司的核心力量。因为一个精明干练的员工，一旦生有异心，他的能力发挥得越充分，可能对老板和公司利益的损害就越大。更多的时候，老板乐意提拔那些具有忠诚品质的员工，对那些三天两头喊着另寻高枝的人，则会毫不留情地"打入冷宫"。

忠诚不仅仅是个人品质的问题，更会关系到公司和组织的利益。忠诚有着其独特的道德价值，并蕴含着极大的经济价值和社会价值。一个秉承忠诚的员工，能给他人以信赖感，让老板乐于接纳。在赢得老板信任的同时，他也容易为自己的职业生涯带来意想不到的好处。

一家药品公司做首席研究员的陈新，在业界很有名气。由于想开始一项新药品的研究，但原公司的技术条件达不到试验的条件，他就离开了原公司，准备去一家实力更加雄厚的公司开展这项工作。

由于新公司与原公司业务相关，新公司的经理要求他透露一些原先他主持的一些开发项目，还有一些新的研发方向信息。陈新虽然很想进这家公司，但还是马上拒绝了这个要求，坚定地说："对不起，我虽然离开了原来的公司，但我没有权利背叛它，现在和以后都是如此！"

第一次面试就这样不欢而散了。出人意料的是，就在陈新准备重新寻找新公司时，却收到了录用的通知。通知书上说："你被录用了，你的能力和才干大家都有目共睹，最重要的是，你有我们最需要的——忠诚！"陈新这才知道，那是新公司对他使用的考验手段。

从一定意义上说，忠诚于公司，就是忠诚于自己的事业。这种忠诚可以增强老板的成就感和自信心，可以增强团队的凝聚力，使公司更加兴旺发达。因此，许多老板在用人时，既考察其能力，更看重其个人品质，而个人品质最关键的就是忠诚度。一个忠诚的人十分难得，一个既忠诚又有能力的人更是难求。忠诚的人无论能力大小，老板都愿意给予重用。相反，能力再强，如果缺乏忠诚，也往往被拒之门外。

圣杰和达强两家公司是竞争对手。达强公司由于经营得当，生意非常好。而圣杰公司由于种种原因，业务一直不是太顺利。这让圣杰公司大为恼火。他们思来想去，总也找不到对付达强公司的办法。

后来，圣杰公司想到了一个"绝妙的"办法。他们通过各种手段，接触到了达强公司一名仓库管理员，并通过贿赂，让他出卖达强公司的商业机密。这个仓库管理人员在利益面前动摇了，将达强公司的机密偷偷泄露给了圣杰公司。

掌握了对方机密的圣杰公司终于心里有底了。他们通过几次交手，将达强公司打得节节败退，最后，达强公司损失了几个大客户，终于导致资金链破裂而宣布破产。圣杰公司的业务量一下子突飞猛进，发展非常迅速。

达强公司破产了，那名仓库管理员自然也失去了工作。他不但没有着急，反而心中窃喜。他知道，自己作为圣杰公司的"第一功臣"，肯定能得到重用。不料，来到圣杰公司时，他却被对方告知：像你这样对公司不忠诚的人，我们是不会接收的！

这名仓库管理员顷刻间懊悔不已。他气愤地离开圣杰公司，去寻找新的工作。可是，不知谁将达强公司破产的原因传了出来。大家在知道原因后，纷纷指责这名仓库管理员，没有一家公司愿意聘用他。

对自己公司不忠诚的人，不管何时何地，都不会有好的下场。因此，不要试图欺骗自己的公司，更不能用公司的前途为自己换取利益。对于一个不惜出卖自己公司利益并从中获利的人，没有地方愿意容纳他。因为这样的人已经失去了自己最起码的道德，也是不值得信任的。

对公司缺乏忠诚，最终害的是自己。而那些对公司忠诚的员工，不管走到哪里都会受到欢迎和器重。

职场必读

忠诚的员工会帮助公司转危为安；不忠诚的员工会因为品行不端而让自己陷入尴尬的境地。如果你是一个忠诚的员工，即使你没有得到某些利益，你的人格和品德也会留在老板的心中。一旦机遇来临，你会因为自己的忠诚而很快成功。

公司的秘密需要保守

现实生活中，总是充斥着各种各样的诱惑。一个优秀的员工永远不会被利欲所诱惑而做出违背道德原则的事情。如果一个人为了一丁点儿利益而出卖公司的话，这样的人在哪里都不会受到欢迎，因为他出卖的不仅仅是公司的利益，还有他自己的尊严和人格。哪怕是从他手中获得利益的人，也会从心底里对他产生鄙夷。

某公司销售部程经理和高层发生意见分歧，双方一直未能达成共识，为此，程经理耿耿于怀，准备跳槽到另一家竞争对手公司。程经理一方面是出于私愤，另一方面是为了向未来的"主子"献殷勤，便想尽一切办法把公司的机密文件和客户电话全部发信息给到各市场经销商，使得市场乱成一团，并引发了很多市场纠纷，从各地市场打来的电话几乎将公司电话打爆。这还不算，他还打电话给当地税务部门，说公司的账目有问题，虽然最后查证无此嫌疑，但却给公司带来了很大的损失。

收到自己满意的"成果"后，程经理去向竞争对手公司邀功请赏，没想到热屁股遇上了冷板凳，这边公司见程经理是这般对待老东家，便开始担心：谁知道他以后会不会又如法炮制对待自己的公司呢？身边有这样的一个人，不就像是埋下了一个随时可能爆炸的定时炸弹吗？谁还敢用？结果自然是没有录用他。

忠诚是一条双行道。付出一份真诚，收获一份信任。不管你的能力是强是弱，一定要具备忠诚的品德。只有你真正表现出对公司的忠诚，才能得到老板的信任。只有认为你是值得信赖和培养的，老板才会乐意在你身上投资，给你培训的机会，从而提高你的能力。

像很多成功的世界500强企业那样，微软公司也把员工视为最宝贵的资产。公司经常为它所雇用的忠实可靠的、致力于发展高质量产品、程序和业务的人才而感到自豪。

在比尔·盖茨的微软公司——这个世界著名的"工作狂"的乐园里，员工的使命感相当强烈，求知欲极其旺盛，忠诚度也极高。根据业界调查显示，微软的人才流动率在IT业中是最低的，这与其独具特色的用人机制是分不开的。

比尔·盖茨曾总结出优秀员工要具备的10大准则，而在这10大准则中，他将"忠诚"列于榜首。在员工的忠诚度上，微软认为，员工的学识与经验都是可以通过后天补充的，而可贵的品质却绝非短时期内能够形成。

作为一个员工，如果你能忠诚于你的公司，对工作负责，那么你肯定会获得成功。因为你的忠诚和不断的努力工作，公司得到了长足的发展。你为公司付出你的忠诚，公司也会用忠诚来回报于你。你将会得到老板的赏识，这样你自然就能脱颖而出了。

职场上存在一条潜规则：该你知道的，绝对有人告诉你；不该你知道的，千万不要去探听；已经知道的秘密，将它烂在肚子里，不要到处去宣传。

现代社会的竞争压力日益加大，任何一家公司都面临着各种各样的危机与挑战。作为公司中的一名员工，只有能为公司保守住秘密，才是值得信赖的员工，才会受到公司的欢迎。对于那些不讲信誉，随便将公司秘密告之于人的员工，无论走到哪里都是不会受到欢迎的。

一家软件公司做技术经理的于青，为人谦虚，技术精湛，做事又有魄力，深受老板的赏识。公司的管理层对于青也是赞誉有加，都认为自己公司里的这名技术经理是百里挑一的人才。

一天，在一次朋友的聚会上。一位朋友私下里对于青说："老弟，我请你帮我个忙。"

于青半天玩笑地说："老哥，如果是技术问题，包在我身上。"

这位朋友神秘地一笑，没有说话，然后，一直给于青敬酒。几杯酒下肚，于青就喝得有点晕了。这时，这位朋友又对于青说："兄弟，你的技术水平，哥哥我是知道的；你的名声，在我们公司也非常大。我们老板非常赏识你……"

"大哥，有什么事就直接说，跟兄弟我客气什么？只要我能做到的，保证帮你！"于青红着脸说。

这位朋友看于青这样说了，就直接挑明："是这样的，我们公司和你们公司在谈一个上千万大项目的合作，我希望你能将你们公司这个项目相关的技术资料给我一份。这样，我们一来心中有个底，二来能在谈判的时候占据主动。"

"这，这恐怕不太好吧。我如果告诉你，就是在泄露公司的秘密啊！"于青微醉的脑袋有些清醒地说。

这位朋友听出了于青在装腔作势，笑了一下，说："兄弟，我这是求你办事，不是让你帮忙。我不会亏待你的。如果这你能帮我做好这件事的话，我们老板批了50万元给你作为酬谢。再说了，我们又不用你的技术资料干违法的事情。这件事情只有我们两人知道，我这边你放心，我绝对不会出卖自己的朋友。"

接着，这位朋友将一张50万元的支票半推半送地塞给于青。于青看着这张支票，心有些痒痒了。他想："我在这家公司虽说待遇不菲，但50万元我可是两年不吃不喝都挣不到啊！干脆，就这一次，下不为例！"于是，于青点了点头。

由于于青将资料泄露给了对方，对方公司对于青所在公司的底牌一清二楚，在谈判中占据了上风。这次谈判过后，于青所在公司损失至少有200万元。

于青所在公司的领导责令一定要查明问题到底出在了哪儿。查来查去，查到了于青头上。老板一怒之下，解雇了于青。于青一下子由人人羡慕的技术精英沦为了人人喊打的过街老鼠。就连他收的那50万元也被公司追回用于弥补损失了。

一家公司列为机密的东西就是这家公司赖以生存的根本。作为公司的员工，绝对不能因为一点点利润而出卖了公司。无数事例表明，任何一个出卖别人，出卖组织的人都没有好下场。

每一个去索尼公司应聘的人首先听到的第一句话就是："如果你想来索尼公司上班，请你保守秘密，付出忠诚！"因为索尼公司的理念是：忠诚的人就是能为公司保守秘密的人。如果不能为公司保守秘密，就是对公司的一种不忠诚的表现。这样的人即使再有才能，也不会被录用。

在职场上，不为公司保守秘密的员工不会受到其他公司的欢迎。如果你出卖了公司的机密，极有可能受到法律的制裁。因此，不管是从自身来讲，还是从职业道德来讲，都要努力做一个能保守秘密的员工。

职场必读

> 身处职场，你应该忠诚于自己的公司，做一个能为公司保守秘密的人。不论处在什么样的职位，都有责任和义务为公司保守秘密。

忠诚是一种职业道德

忠诚并不是公司强加给员工的，而是员工自始至终都必须具备的一种职业道德。也就是说，从员工身上所体现出的忠诚，并不是对某个公司或者某个人的忠诚，而是一种职业的忠诚，是承担某一责任或者从事某一职业所表现出来的精神。

富兰克林曾经说："如果说生命力使人们前途光明，团体使人们宽容，脚踏实地使人们现实，那么深厚的忠诚感就会使人生正直而富有意义。"

如果你在职场上能够将对领导个人的忠诚升级为对公司的忠诚，那你的地位就会更加稳固了。然而，想要做到对公司的忠诚，并不是一件容易的事情。正是因为这样，你更应该在职场中培养自己的忠诚意识，让自己成为一名忠诚于公司的员工。

惠普公司有一位叫戴蒙的工程师。他所在部门的工作是研发一种新的显示器。戴蒙和同事们一起拼命工作，但项目进展不大。突然有一天，他们接到公司通知，领导让他们放弃这个研发计划。

同事们接到这个通知，都停下了手里的研发工作。但是，戴蒙不但没有放弃研发，反而加快了进程。他熬夜做好模型。去夏威夷度假时，他向那里的游客展示自己的模型，征求他们的意见。结果出乎戴蒙的意料，许多人对他的模型非常感兴趣，都纷纷询问这种产品何时上市。大家的积极回应更坚定了戴蒙继续研发下去的决心。

不久，公司总经理知道戴蒙依然没有放弃这个项目后，亲自下令让他停掉这项研发。但戴蒙依然没有听。他又熬了几个通宵，将产品设计好。然后，他走进总经理办公室，想方设法说服总经理将这种显示器投入生产。结果，总经理被他的执着打动了。这种产品投入市场后，销售直线上升，为公司赚取了上千万美元的利润。

在年底召开的员工大会上，总经理亲自为戴蒙颁发了一枚奖章，对他的执着精神表示鼓励和奖赏。

只有对公司忠诚的人才会将公司的事情当成自己的事情，才会对自己负责，对公司负责。

在某个边境小镇上，一家铁匠铺里有个工人，名叫张三。

张三抡起铁锤，埋头工作了很久，打出了一把斧头，锋利无比。他把这个斧头拿给镇上杂货店的老板，老板连连称赞说这是一把很难见到的好斧头。一时间，许多人纷纷来这家铁匠铺订制张三做的斧头。

这件事被一个包工头听说了，他也找上门来，拿着张三原来做好的斧头对他说："我不在乎钱。只要你能给我做出一把比你现在做的斧头还要锋利的好东西来，至于价钱，由你来定，你要多少钱都可以！"

张三头也不抬地说："做不到！我每把斧头都是最锋利的，我从来没有在意过主顾是谁！"

从案例中，我们可以看出，张三不管主顾是谁，都会尽自己的全力做出最好的东西来。在工作中，我们也要有一点张三的精神，要一门心思扑在自己的工作上，不要在意领导怎么看自己，更不要在意别人的看法。

毕业后，小卫和小刘一起到了一家计算机软件公司，负责办公软件的设计开发。这个公司的规模不是很大，注册资金只有10万元。他们之所以愿意去，一是背井离乡急于安身，二是因为老板会给股份的许诺。老板比他们大不了几岁，看上去完全是一副书生模样，态度很诚恳。

可是，他们进去才知道，连这10万元的注册资金可能都有水分，最要命的是，产品没有品牌，只好赊销，还常常收不回货款，因为资金储备少，公司渐渐地连员工的工资都无法按时发放。

三个月后，小卫动摇了，劝小刘也不要干了。小刘也有些动摇，但是一看到老板每天没日没夜地奔波和诚恳的眼神，又不忍开口。他想，反正自己还年轻，就算帮帮老板。即使以后公司垮了，也算积累点儿人生经验吧。结果，小卫走了，小刘决定留下来。从那以后，小刘就成了老板的左膀右臂。不久，公司资金链条断裂，濒临绝境，留下的几个人也走了，只剩下小刘和老板两个人。

老板对小刘说："委屈你了，哥们儿。"小刘乐观地说："什么也不用说了，只要你一天把公司开下去，我就一天不离开这里。"他们同吃同住，无话不谈，成了真正的患难之交。半年后，老板筹措到了新的资金，公司重新运转。由于产品质量上去了，买家愿意先付款了，公司的局面一下子打开了，他们终于掘到了自己的第一桶金。

接下来，公司开始招兵买马，发展壮大，仅短短的几年工夫，就成为行业内大名鼎鼎的软件公司，小刘也被提拔为公司的副总经理兼技术总监。

后来，老板问小刘："老弟，你知道我为什么能支撑下来吗？"

小刘说："因为你是打不垮的，否则我也不会留下来。"

老板却说："不，其实当人们纷纷离我而去的时候，我就想关门了。可是，你让我找回了信心，我想只要有一个人留下，就证明我还有希望，反正我已经一无所有了。当时如果你走了，我肯定会支撑不下去了！"

最后，为了感谢小刘在最黑暗的日子里带给自己的光明、希望和勇气，老板给了他10%的股份。

现实中，我们有时不得不将自己的现实利益放在最重要的位置。但是，我们毕竟也是有血有肉的人，也会在某一个时候遇到许多难处，也希望有人能够雪中送炭，而不是釜底抽薪。站在这个角度上去考虑，作为公司的员工，我们不应该在公司遇到困难，急需人手的时候选择离开，这就是一种忠诚。这种忠诚也许不会立即给我们什么现实利益，但这必将为我们赢得多数人的赞誉，并获得更大的财富。

对于员工来说，忠诚能带来安全感。因为忠诚，我们不必时刻绷紧神经；因为忠诚，我们对未来会更有信心。

忠诚的员工，不必担心自己会失业；忠诚的员工，会因为自己的业绩而受到嘉奖。正是这样，我们才要学会做一个真正忠诚的员工。

职场必读

忠诚是对自己职业的无限尊敬，能够为自己的职业而奋斗不息。当怀有这样的忠诚之心时，你会毫无怨言地去付出。当你真正地付出后，你会收获到来自心底的快乐。因此，要在工作中认真踏实地做好每件小事，不为自己留有遗憾。

服从，摒弃各种借口

员工需要服从上级的安排。如果没有了服从，上级再好的想法也终将流产。公司最需要的人在面对上级指派的任务时，绝不会去寻找借口逃避，哪怕看起来非常合理的借口。

服从是员工的天职

　　受老板指派，一个年轻人去一个陌生的地方开拓新市场。他要去的那个地方非常偏僻，在很多人看来，在那里打开市场简直是不可能的事情。

　　在把任务分派给这个年轻人之前，老板曾经几次想把这个任务交给公司里别的员工，但他们都一致找借口推辞。只有这个年轻人在得到老板的指示后什么也没有问，带着一些样品独自出发了。

　　三个月后，年轻人回到了公司，还带回那里有着巨大市场的好消息。

　　其实，在出发之前，这个年轻人也没有多少信心。但是，由于具备服从意识，他依然选择前往，并用尽全力去开拓市场，结果获得了成功。

　　公司如果缺乏服从执行的力度，就不会有高的效率，就赶不上竞争的对手，甚至有被淘汰的危险；而员工若不具有服从的激情，在接到命令的时候还要想一想，找个服从的理由再服从，他就会与整个团队的运作发生冲突。因此许多公司都严格规定，一旦制度和战略方针形成，任何人都必须百分之百地支持和无条件地服从，甚至管理者本人也不得寻找任何借口。没有服从观念的人，很难在职场上立足。

　　某公司新招聘了一名大学生，他毕业于知名院校，双学士，可以说是才华横溢。刚进入公司不久，他自认为能力很强，总是对公司所作出的决策提出各种不同的意见，经常在公开场合顶撞领导，让领导颜面扫地，工作难以落实开展下去，而整个部门也被他搞得人心涣散。最后，惜才爱才的老总也无法忍受这种局面，只好忍痛请他另谋高就。

一个高效的公司必须有良好的服从观念，一个优秀的员工也必须有服从意识，二者的关系是相辅相成的。在一个团队，如果下属不能无条件地服从上司的命令，那么在达成共同目标时，则可能产生障碍；反之，则能发挥出超强的执行能力，使团队胜人一筹。

没有服从理念的员工不能成为一个真正的优秀员工，也无法实现自我的人生价值。每个员工在工作上都要学会第一时间去执行，绝不推卸责任，上司要的是结果，而不是你再三解释的原因。

如果要问什么样的员工最难管理，相信大多数老板都会说是那些不服从自己决策的员工；如果再问他们怎样管理这样的员工，相信老板们都会说："不是我炒他们，就是他们炒我。"那些能留在公司并被老板赏识的员工，他们总是服从老板的决定，即使在自己有不同意见的时候也是如此，他们会向老板提出自己的建议，但是仍然会听从老板的指示。

如果对领导的决定有不同的看法，你可以采用恰当的场合、沟通方式向领导提出来，但必须要谨记一点：你是来协助领导完成经营决策的，而不是来制定决策的。所以，领导的决定，哪怕不尽如你意，甚至与你的意见完全相反，当你的建议无效时，你就应该完全放弃自己的意见，全心全力去执行。在执行时，如果你发现这项决定的确是错误的，则尽可能地使这项错误造成的损失降到最低。这样的员工才是公司最需要的。

公司在每个阶段都有自己的计划，而计划的执行者是公司中的每一位员工，所以，执行态度对于提升公司战略目标具有重要的意义。

一位年轻人到海上油田钻井队工作。在海上工作的第一天，领班要求他在限定的时间内登上几十米高的钻井架，把一个包装好的漂亮盒子送到最顶层的主管手里。他拿着盒子快步登上高高的狭窄的舷梯，气喘吁吁，满头是汗地登上顶层，把盒子交给主管。主管转身背对着他打开盒子，看了一会儿从盒子里取出来的东西，然后封好包装并在上面签下自己的名字，就让他送回去。他又快跑下舷梯，把盒子交给领班，领班同样背对着他，然后换了一个新盒子，也在上面签下自己的名字，让他再送给主管。

他看了看领班，犹豫了一下，又转身登上舷梯。当第二次登上顶层把盒子交给主管时，他浑身是汗两腿发颤，主管却和上次一样，背对着他仔细看了会儿后又在盒子上签了名字，让他把盒子再送回去。他擦擦脸上的汗水，转向走向舷梯，把盒子送下来，领班再次换了个新盒子并签完字，让他再送上去。

这时他有些愤怒了，他看看领班平静的脸，尽力忍着不发作，又拿起盒子艰难地一个台阶一个台阶地往上爬。当上到最顶层时，他浑身上下都湿透了。他第三次把盒子递给主管，主管看着他，傲慢地说："把盒子打开。"他撕开外面的包装纸，打开盒子，里面装了两枚螺母。他愤怒地抬起头，双眼喷着怒火，射向主管。

主管又对他说："把这两枚螺母分别拧到那边的螺丝上。"年轻人再也忍不住了，"叭"地一下把盒子摔在了地上："如果这样戏耍人的话，我不干了！"说完，他看看倒在地上的盒子，感到心里痛快了许多，刚才的愤怒全释放了出来。

这时，主管站起身严肃地对他说："螺母虽小，但却能固定住这座井架。你可能不知道，你反复地上下没有白忙活，因为找到了适合的螺母。再者，我刚才让你做的这些，叫做承受极限训练，因为我们在海上作业，随时会遇到危险，这就要求队员身上一定要有极强的承受力，承受各种危险的考验，才能完成海上作业任务。作为一个优秀的海上油田钻井队队员，首先应该对上级命令绝对服从，它是成就油田事业的素质之一。可惜，前面三次你都通过了，只差最后一点点，你没有把螺母拧到螺丝上。现在，你可以走了。"

服从是成为优秀员工的首要任务。只有定位好自己服从的角色，才能在现代的职场竞争中立于不败之地，也才能使你成为公司不可或缺的员工。

现代公司的作业方式已越来越流水化、单纯化，无可否认，这是导致员工工作情绪低落的原因之一。如果你不能适应这样的环境，不了解公司作业的各个环节，又如何做好一名称职的具有竞争力的员工呢？可惜，许多时候，我们总是差那么一点点坚持服从到底的态度。

服从角色的宗旨，就是坚决地遵循指示去做事，高效率地完成任务。服从的人必须暂时放弃个人的独立自主，全心全意去遵从所属机构的价值观念。

遗憾的是，很多员工往往没有把握好服从的角色，自以为"我只是一个普通的员工而已，一切决策和行为都与我无关"。缺乏服从领导的意识，甚至于"做一天和尚撞一天钟"。这样的员工又岂能有机会成为公司的精英和栋梁？又怎么能取得公司的信任以委派重任？

只有定位好自己服从的角色，才能使你在现代的职场竞争中立于不败之地，也才能使你成为公司最需要的员工。

职场必读

每个员工在进入一家新的公司后，就必须从零开始，然后要给自己一个定位，明确自己的职责，服从公司分配给你的任务。一个员工只有在学习服从的过程中，才会实现团队的利益和自我价值，这样的员工才是公司最需要的员工。

执行没有任何借口

作为下属，不管怎样你都不能忘记一点：你的工作是协助上司完成经营决策，而不是制定决策。因此，上司的决定，即使不尽如你意，甚至和你的意见完全相悖，你也得服从。

执行上司的决策，并不表示你是一个毫无主见的下属，也不表示你将失去工作中的活力。你应该知道，表现在工作上的活力与冲劲，一定要符合上司的理想与要求。否则，上司会认为你不够成熟，做事不用大脑，自然也不敢把重要的工作交给你。

"糟了！糟了！"王经理放下电话，就叫了起来，"那家便宜的东西，根本不合规格，还是原来林老板的好。"接着，王经理狠狠捶了一下桌子："可是，我怎么那么糊涂，竟写信把他臭骂一顿，还骂他是骗子，这下麻烦了。"

"是啊！"秘书张小姐转身站起来，"我不是说要您先冷静冷静，再写信，可您不听啊！"

"都怪我在气头上，想这小子过去一定骗了我，要不然别人怎么那样便宜，"王经理来回踱着步子，指了指电话，"把林老板的电话告诉我，我亲自打过去道歉。"

秘书一笑，走到王经理桌前："不用了。告诉您，那封信我根本没寄。"

"没寄？"

"对！"张小姐笑吟吟地说。

"嗯……"王经理坐了下来，如释重负，停了半晌，又突然抬头，"可是我当时不是叫你立刻发出吗？"

"是啊！但我猜到您会后悔，所以压下了。您没想到吧？"张小姐转过身，歪着头笑了笑。

"我是没想到，"王经理低下头去，翻记事本，"可是，我叫你发，你怎么能压？那么最近发往美国的那几封信，你也压了？"

"我没压，"张小姐脸上更亮丽了，"我知道什么该发，什么不该发……"

"你做主，还是我做主？"没想到王经理居然霍地站起来，沉声问。

张小姐呆住了，眼眶一下湿了，颤抖着声音问道："我，我做错了吗？"

"你做错了！"王经理斩钉截铁地说。

张小姐被记了一个小过，是偷偷记的，公司里没人知道。但是好心没好报，一肚子委屈的张小姐，再也不愿意伺候这位"是非不分"的王经理了。

她跑去孙经理的办公室诉苦，希望调到孙经理的部门。"不急！不急！"孙经理笑笑，"我会处理。"隔了两天，果然做了处理，张小姐一大早就接到一份解雇通知。

正如王经理所说："你做主，还是我做主？"假使一个秘书可以不听命令，自作主张地把经理要她立刻发的信，压下三个礼拜不发，她岂不成了经理？如果有这样的"黑箱作业"，以后交代她做事，谁能放心？

再进一步说，自己部门的事，跑去跟别的部门经理抱怨，这工作的忠诚又在哪里？如果孙经理收了她，能不跟王经理"对上"？而且哪位经理不会想："今天她背着经理，来向我告状，改天她会不会倒戈，又跟别人告我一状？"

作为公司的员工，你必须知道，无论你的才华有多高，无论比你的上司有多聪明，你都要按照上司的决策去执行，因为毕竟他是领导，是公司的决策者，如果员工都按自己的标准行事，团队的凝聚力何在？

在任何一个公司，那些最优秀的员工都明白一个做事的原则，那就是服从上级的决策，第一时间去执行。

借口是一种不好的习惯。一旦养成了找借口的习惯，你的工作就会拖沓且没有效率。抛弃找借口的习惯，你就不会为工作中出现的问题而沮丧，甚至还可以在工作中学会大量解决问题的技巧。这样一来，借口就会离你越来越远，而成功却离你越来越近。

一个受公司欢迎的人，必然是一个主动服从的人，因为只有服从才能不折不扣地去执行，没有服从就谈不上执行。某集团董事说："我最不喜欢的员工就是那种你对他说了很多事，他往往只会说'行，知道了'，但是最后做的结果根本不是那么回事，或者根本没有去执行的人。"

服从的本质，就是无条件地遵从上级的指示。服从者必须放弃个人的主见，一心一意地服从其所属组织的价值理念和指令。一个团队，如果下属不能无条件地服从上司的命令，那么就很难达成共同目标。

一个高效的公司必然有良好的服从理念，一个优秀的员工也必须有服从意识。因为所有团队运作的前提条件就是服从，从某种意义上来说，没有服从就没有一切。一个优秀员工不但能把公司规定的职责执行到位，而且能根据具体的市场状况向上级提出更多的合理有效的意见，同时，在执行的时候能更加吻合公司的意图，并且提高效率和节省成本。

对上司已做了决定的事情，理解了要坚决服从，不理解也要坚决服从，绝不表现自己的小聪明。如果你能换位思考，站在他的角度上去看问题，就会更好地理解到，有时上司的言行不一定是对下属的苛求，换了你可能也会一样。

要做到更好地服从，不仅要对公司的价值理念、运行模式等有一定的认识，还要清楚自己与组织权限的范围。一些表现出色的员工以为个人地位高过了公司，可以随心所欲地处理问题，而不必听从上级领导的指派，这对于公司的整体发展无疑是不利的。

我们每个人都不可能脱离社会或者某一个团体和组织，而集体的利益总是要大于个人利益的，我们必须学会维护集体的利益而去绝对执行。执行不仅是为了公司而做，更是为自己而做，为公司而做最终也就是为自己而做。如果你总是沉迷于索取与回报，那么你最终会一无所获。

有的员工因为自己的利益没有得到完全的满足，就产生抵触情绪，大有剑拔弩张之势，就以领导的决策与自己有根本性分歧，或领导交办的事情对自己并无好处为由，而不愿执行领导的决定。

全力而迅速地执行任务，这是一个非常重要的指标，是管理效能的一个非常重要的方面。只要身为公司的员工，你就要谨记一点：你是来协助上司完成经营决策的，而不是由你来制定决策的。所以，你应该全心全力去服从上司的决定。

最有竞争力的员工是这样一些人：想尽办法去完成任何一项任务，而不是为没有完成任务去寻找借口，哪怕看似合理的借口也不要。每一个工作单位里的领导都清楚：任何借口都是为了推卸责任，在责任和借口之间，选择责任还是选择借口，正是一个人工作态度的体现。因此，公司里那些优秀的员工总是遵循着一个工作原则，那就是服从领导的决策，永远不为自己找借口。

其实，喜欢找借口的员工，就是想推卸责任。找借口，可以把应该自己承担的责任转嫁给他人，可以给自己制造一个安全的角落。这样的人绝不会成为称职的员工，更不会是领导可以期待和信任的员工。

为了保障公司计划或方案的有效执行，必须保障指挥者的权威地位，所以积极配合其工作才是上策。在服从领导决定的同时，主动献计献策，既积极配合领导工作，表现出对领导的尊重，又能适当展现自己的才华。如果有不同意见，可以在领导没做决策前提出建议，一旦领导决定了，就要坚决服从。"令行禁止"的公司才有高效率，才有竞争力。

职场必读

优秀的员工从不在工作中寻找任何借口。他们总是把每一项工作尽力做到超出上司的预期，最大限度地满足上司提出的要求，也就是"满意加惊喜"地完成它，而不是寻找任何借口推诿。

服从为工作的前提条件

在军队中，军人必须以服从为第一要义。同样，在今天的公司里面，服从也是员工必须具备的一种观念。没有服从，公司就无法提高执行力。

服从是一种美德，职业人必须以服从为第一准则，没有服从观念，就不能在职场中立足。每一个员工都必须服从上司的安排，没有服从理念的员工也不能成为真正优秀的员工，无法向自己的人生目标迈进。所以，要把服从作为核心理念来看待。

服从是员工在工作中必不可少的准则，员工要以服从为工作的前提条件。下属服从上司，是上下级开展工作、保持正常工作关系的前提；是融洽相处的一种默契；也是上司观察和评价自己下属的一个尺度。因此，想要成为公司最需要的人，就必须服从上司的安排。

员工要服从领导，认认真真地做好每一件事。要敢于挑战，在难事、急事面前不低头，不管问题再多、困难再大、矛盾再复杂、任务再艰巨，也要努力克服，尽量不把矛盾上交，一定要防止和避免推诿扯皮、敷衍推卸的不负责任的言行。

服从可以让人放弃任何借口，摆脱一切惰性；摆正自己的位置，调整自己的情绪；让目标更明朗，让思绪更直接。对于命令，首先要服从，执行后方知效果；还未执行，就发挥自己的"聪明才智"，大谈见解和不可执行的理由，走到哪里都是不受欢迎的角色。

对于你认为不太正确的命令，首先还是服从，在服从后再与领导交流意见，就是完成任务后的总结。这种总结尤其可贵，它让你更成熟、更优秀，并逐步显露出自己的价值。公司就是如此，在服从、执行、总结的过程中攻克一个个难题，并相应调整策略，为完成下一个任务做准备。服从是成功的第一步。

毫无疑问，尊敬和服从领导是所有组织的要求，也是公司的制度。不管你在公司遇到怎样的领导，除了他违背法律和政策之外，你都应该无条件地服从，用尊重和服从来维护他的权威。

组织的生命在于效率，而效率的产生就在于服从执行的艺术。最好的管理者一定是让员工最善于服从的领导者；最好的执行者一定是让管理者最满意的生产者。

管理者的宗旨在于执行合理、准确、有效，而不在于任意发布几道命令；员工的任务在于服从最佳的执行艺术，与管理者密切配合，与管理者心往一处想，劲往一处使，让管理者彻底放心。公司最需要的人都是善于服从的员工。

有一位老板，从商以前在大学做老师，可以说是新一代儒商。在和朋友聊起公司的管理问题时，老板有很多无奈："我们公司说大不大，说小也不小了，总人数1000人，500人做销售，一年做2个亿的销售收入，纯利5000万元，在行业内排在前三名。就目前看，已经不错了，但我着急！我们要加快发展速度，否则国际巨头进来，我们没有好果子吃。看看在本行业中，目前也是有很多机会，关键是这个机会能不能被我们抓住。"

"那不是好事吗？公司中最怕老板没思路，现在你有明确的发展方向，也准确地把握了大局，再加上过去成功的经验，应该不会有问题吧。"朋友说。

"是的，我的问题不大。关键是下面的人跟不上，尤其是分公司的老总们。总部制定了策略、计划，总是不能在分公司有效地执行，总说总部的方案不好，叫他们自己出方案，又做不出来。刚开始，我以为是做计划的方式有问题，后来采取了参考下面计划的民主做法，还是不行。整个公司的效率非常低，基本上所有分公司都是这样。我又不好换人，都是和我打天下的，他们对公司有感情。再说，哪里换掉了，对公司的影响也很大。"

"关键是已经养成了这样的风气。其实按道理说，公司制定了政策，分公司是执行单位。如果政策有问题，责任在总公司；如果执行有问题，责任才在分公司。"

"分公司认为，总公司不了解下面的实际情况，他们不能盲目执行，否则会给公司造成损失。"

这就是没有搞清楚自己的角色，不知道谁是老板。公司又不是分公司老总的，既然总公司作出决策，风险就由总公司来承担，而不是分公司。要在公司中明确彼此的角色，首先明确谁是老板。

没有服从或对服从打折的队伍，是不可能有一个整齐的队形的。公司是一个有序的生产运作的队伍，公司不能缺少服从。

服从往往意味着牺牲和奉献。既然要服从，就需要放弃个人的想法或自由，一心一意地执行上级的命令和指示。因此，如果从个人利益与集体利益关系的角度来审视服从的话，那么服从实际上是利益得失的问题。一个人若能以集体利益为重，会不自觉地服从上级的命令指示；如果在服从命令方面打折扣，即使勉强服从，也是消极应付。

如果不服从，能否保证任务的完成？显然不能。只有具有服从品质的人，才会在接受命令之后，充分发挥自己的主观能动性，想方设法完成任务；即使完成不了也能勇于承担责任，而不是找各种借口来推脱责任。

一个人如果连服从都做不到，怎么能具有很强的责任感、纪律观念和自律意识呢？又怎么能正确处理个人利益与组织利益之间的冲突呢？不服从，就代表他不接受领导交给他的任务，或是仅仅按照符合自己利益的方式去完成任务。

如果员工失去服从力，那么这个队伍，就会变成战场上的败兵；相反，如果他们愿意服从，就会把组织变成自己的家，爆发出创造效率的激情和活力。

职业人应遵从这样的组织原则："少数服从多数，下级服从上级，个人服从组织。先服从，有意见和不同看法可以先保留。"

找方法，不找借口

无论是独立作业还是团队合作，都难免会遇到一些问题，遇到问题怎么办呢？成功人士对待此类问题的做法是，当遇到问题时努力寻求解决的方法，而不是找各种各样的借口来逃避责任，为自己开脱。

在职场上，老板最憎恶的就是不找方法找借口的员工。如果你是老板，你布置了一项任务给员工，员工不仅没有完成任务反倒为自己找一大堆借口，你会如何反应呢？

任何工作首先要求的就是认真负责的态度，找借口就是逃避责任的表现。错了就是错了，要勇敢承担起来，从自身找原因，提醒自己下次不要再犯。如果你总是为失败找借口，那你永远都不会成功。成功属于那些善于找方法的人，而不是善于找借口的人。

只有主动寻找方法，你才能尽快解决问题，才能迈向成功。好的方法能让你事半功倍，而一味蛮干只会极大地浪费人力、物力和财力。

我们通常可以看到这样的现象：两个员工做性质相同的工作，一个加班加点、身心疲惫仍然做得不好，而另一个则轻轻松松地完成任务并得到上司的赏识。在这里，方法起到决定性作用。只有方法对了，你才能省时省力地完成任务。

好的方法往往能让你脱颖而出，为你争取到更大的发展空间。不要抱怨自己的运气不好，你该清楚，绝大部分的机会都是你自己争取来的。一个绝妙的方法就是开启机会大门的钥匙，也可能成为你一生之中的转折点。

也许很多人都知道方法的重要性，但并不是每个人都能找到好方法。方法不是现成的，也不是你等来的，它往往需要你绞尽脑汁地去思考、琢磨，反复试验。看到别人使用的好方法，你常常会有这样的感慨：我怎么就想不到呢？其实，不是你想不到，而是你功夫没下到。

要找到一种好方法，首先你得对问题分析透彻，然后才能对症下药。你必须找出问题的关键点来，而不是去误打误撞。很多问题是纷繁复杂、环环相扣的，你要能追本溯源，找出问题的症结所在，然后再想办法从根本上加以解决。如果对问题到底是什么都不清楚，你又怎能找到解决问题的方法呢？

方法是无穷无尽的，只要你能想得出来又能起到良好效果，都可以称之为方法。一种方法可以解决不同的问题，一个问题也可以用不同的方法去解决。很多时候不是没有方法，而是没有一种最好的方法。所以，你还要善于开拓创新，用行之有效的新方法来解决问题。

要找到一种好方法，思维的转换非常重要。你不能仅仅从一个角度去分析问题，那样只会把问题看死，你的思路也会走进死胡同。你可以逆向思维，也可以把问题转换一个方式。

你的眼界一定要开阔，从方方面面去思考解决问题的方法。你要常常问自己："我是不是只能这样看，这样想？还有没有其他的方式？"不要觉得自己只有一两条路可走，你一定还有能力去发掘第三条，而成功往往就蕴含在其中。

如果你有什么新颖的想法，就一定要勇于去实践它，不管它看起来多么不切实际。不把方法运用到实践中去，你永远都不知道这个方法是有效的还是无效的。你要相信自己，既然你能想得出来，就有其一定的道理。也许你再把它加以完善，它就是一个绝好的方法。

人生之中，难免会有一些事情很难做，不能够很好地做成也许是情有可原的，很多人也习惯于为自己找个理由来推卸责任。在失败的时候，我们常常会抱怨外在的一些条件，寻找一些借口来开脱自己，这固然能让我们摆脱失败的责任和阴影，使得我们看起来更加完美。但是，遇事总是找借口，不仅没有任何意义，反而会使你离成功越来越远。

借口其实是一种欺人与自欺的谎言。理由的背后是自己的无能或者是不够重视不够努力。找借口虽然是人之常情，但是，长远来看，借口对人没有什么实在的好处。它唯一的好处可能就是可以给失败者以安慰，但是这样的安慰会让人失去继续努力的信心和斗志。有多少人把宝贵的时间和精力放在了如何寻找一个合适的借口上，而忘记了自己的职责。找借口就是把属于自己的过失掩饰掉，把自己应该承担的责任转嫁给社会或他人。这样的人，在公司里不会成为称职的员工，也不会得到领导的信任。只有主动寻找方法，你才能尽快解决问题，才能迈向成功。

十几年前，一个小伙子在一家建筑材料公司跑业务。当时，公司最大的问题是外欠款回收难，资金周转不灵。产品不错，销路也不错，但产品卖出去后，总是无法及时收回货款。

有一位客户，从公司购买了10万元产品，但总是以各种借口不肯付款。公司派了三批人去催讨，却都无功而返。当时，小伙子刚到公司上班不久，和另外一位员工一起，被领导派去讨账。他们在客户那里软磨硬磨了半天，最后，客户终于同意付款，叫他们过两天来拿。

两天后，他们赶去，高高兴兴从客户那里拿到了一张10万元的现金支票，等到拿着支票到银行取钱，却被告知，账上只有99920元。明摆着的，客户又和他们要了一个花招，开出一张无法兑现的支票。眼看着第二天就要放春节假了，如果不及时拿到钱，不知又要拖延多久。

遇到这种情况，别人可能早就一筹莫展了，但是，小伙子没有。苦思冥想了一会儿，小伙子灵机一动，拿出100元钱，让同去的另外一位员工存到客户公司的账户里去。这样一来，账户里就有了10万元。小伙子立即将支票兑了现。

当伙子带着这10万元回到公司时，董事长对他大加赞赏。五年之后，小伙子升为公司的副总经理，后来又当上了总经理。

不找借口找方法，是一种成功者的思维。它往往能让我们脱颖而出，争取到更大的发展空间。那种凡事找借口躲避责任的员工并不少见，但是他们在公司都不可能有大的发展。日本松下公司这样要求员工："如果你有智慧，请你贡献智慧。如果你没有智慧，请你贡献汗水；如果你两样都不贡献，请你离开公司！"

小郑是一家礼品贸易公司的老员工，以前专门负责跑业务，因工作努力合作到了很多长期的客户，获得了很好的业绩，为公司赢得了利润，深得上司的器重。

有一次，小郑和一家对手公司的业务员同时竞争一笔业务，却让对手捷足先登抢走了。事后，小郑很合情合理地解释了失去这笔业务的原因。他认为那是因为他的腿伤发作，比竞争对手迟到了半个钟头，所以才失去了这笔生意。

以后，每当联系有点棘手的业务时，小郑总是找出一两个借口进行推诿。时间一长，他的业绩直线下滑，上司也开始对他感到不满，但是碍于他以前作出过突出贡献，又不好说什么，只是希望他能尽快回到从前的工作状态，继续创造好的业绩。

但是，小郑养成了寻找借口的习惯，碰到难办的业务能推就推，好办的差事能争就争。后来，公司实行绩效考核制，他的绩效垫底。

像这种遇到问题不是想办法解决而是找借口推诿的人，在职场中并不少见。而他们的命运也显而易见——有哪个领导会愿意要这样一个时时找借口不完成工作的员工呢？

在工作中，不可能所有的工作都是你得心应手的，的确有很多工作是困难的，但是我们面对困难，要做的不是把过多的时间花费在寻找借口上，而是要迎难而上，去克服困难，化解风险，为自己的任务找好的方法来更好地完成它。

有了风险我们去化解，出了问题我们去整改，没有风险积极去防范。总之，我们要想尽办法去完成任务，而不是为没有完成工作任务去找借口。抛弃找借口的习惯，不断尝试各种方法，成功就会离你越来越近。

职场必读

好的方法是解决问题的关键。与其费心思为自己的失败找各种借口，不如花时间为自己找一个解决问题的好方法。要做一个为成功找方法的人，而不是为失败找借口的人。

没有服从就谈不上执行

最有竞争力的员工是这样一些人：在服从面前从不讲面子，对领导的任何命令都是直截了当地接受，甚至即便知道领导在会上作出的决策是错误的，也不会当着众多员工去反驳，而是先接受任务。如果工作实施起来的确有困难，会单独与领导沟通。一旦决策开始实施，更是第一时间去执行，因为他们知道，没有服从就谈不上执行。

所有团队动作的前提条件就是服从。有时可以说，没有服从就没有一切。所谓的创造性、主观能动性等都在服从的基础上才得以成立，否则再好的创意也推广不开，也没有价值。

作为员工，应该时刻了解自己的权限有多大。通过服从，你对公司的价值理念、运营模式都会有一个更深刻的认识。

可口可乐公司有一位叫拉夫勒的年轻人，上司让他去一个新的地方开辟市场。那是一个十分偏僻的地方，很多人认为公司生产的产品要在那里打开销路是十分困难的。

在把这个任务分派给拉夫勒之前，上司曾经三次把这个任务交给过公司其他的员工，但是都被他们推托掉了，因为这些人一致认为那个地方没有市场，接受这个任务最终结果将是一场徒劳。拉夫勒在得到上司的指示后什么也没有说，只带着一些公司生产的样品就出发了。

三个月后，拉夫勒回到了公司，他带回的消息是那里有着巨大的市场。其实，在出发之前，拉夫勒也认定公司的产品在那里没有销路，但是，由于他的服从意识，他依然选择前往，并用尽全力去开拓市场，结果最终取得了成功。

无论什么时候，你都应该主动、积极地去努力完成上司交给你的任务。要知道，服从不是针对你一个人的。

每位领导都希望下属能够服从自己，服从是领导能力的基本表现形式。如果你希望向组织中的更高层级发展，获得一个更高的职位，那么就必须学会服从。这是因为，无论处于什么层级，领导的权力总是有限的，领导的地位再高，他还是需要对另一个更高的领导负责，学不会服从，也就学不会领导。

上司决策错误的时候，你可以大胆地说出你的想法，同时也要让上司明白，你只是建议。身为员工要谨记：你是来协助上司完成经营决策的。

平心而论，没有人真正喜欢被约束，被管制。但是这世上绝对的自由是不存在的。我们生活的这个社会是由法律、法令、制度、规定、规章等来规范着的，每个人所能享受的自由只能是被限定在一定的范围内；否则，整个人类社会将是一片混乱、不可想象的。

任何人都要受到一定制度的约束，这种制度既是对每个人的制约，又是每个人获得公平待遇的保证。大到一个国家、军队，小到一个组织，成员是否具有良好的服从意识将决定其事业的成败。

没有员工的服从，企业任何绝佳的战略和设想都不可能被执行下去；没有员工的服从，任何一种先进的管理制度和理念都无法得到有效的贯彻落实。

每一位员工都必须服从组织的整体利益，在这个大局的协调下，服从上级的具体工作安排。作为组织的一分子，你是组织内部运行环节的一个重要部分，只有严格遵照指示做事，才能确保整个组织业务流程的正常运转。

服从，意味着你必须暂时放弃个人的异议，约束自己去适应所属机构的价值观念。所以也就是说，上级的命令必须服从，下级没有权力判断上级指令的对错，上级的对错只能由上级的上级来裁定。员工绝不能自作聪明，认为上级的指令不正确、不合理，就不去执行。

对来自上级的决定、指令必须无条件地服从，并且要形成习惯，即使不理解的也要很认真地去执行。

为了做到更好地服从，我们对上司应该有一个清楚的认识，不能认为它仅仅是一个职务。上司之所以在一定的职位上，是因为组织赋予了他一定的职权。上司是法人或是受法人之托，他的行为是一种组织行为。不尊重、不服从领导，对抗破坏的就是组织的整套管理指挥系统。

作为一个组织中的一员，一定要相信自己的上级。上级既然能成为你的上级，他肯定有一定的过人之处。不能因为上级的领导方式不合你的心意，就不服从领导。一个好的员工，应该是一个适应领导的高手，只有适应了上级的领导方式，在执行起领导的指令时才会得心应手。

在这个世界上，每一个人都必须学会服从，不管你身处什么样的机构，地位有多高，个人的权利都必然会受到一定的限制。即使是公司的总裁，还需要服从于董事会、股东大会和消费者的利益。对于我们个人来讲更是如此。

当然，我们所说的服从绝不是不动脑子地盲从，不是被动地听从，而是自动自发地服从，是主动地服从，是发自内心地相信自己能够圆满完成任务，而不是来自各方面压力的服从。

真正能够做到"服从第一"的优秀员工，一般都能够做到以下几个方面：

（1）服从面前无面子

面对上司，要理由少一些，行动多一些。一些公司中经常会遇到这种情况，当一些员工接受一项工作任务的时候，不是立即付出行动，似乎是要留下一段时间让自己想想。其实，他们这样做的主要原因就是好面子，似乎马上去做显得自己好像很闲一样，实在不能丢这份面子。

那些优秀的员工在服从面前从不计较面子问题，他们关注的是执行的结果，这样的员工更容易被上司重视和同事接纳。

（2）先接受再沟通

当主管在会议上宣布一项工作或者安排工作的时候，如果你马上就列出一堆理由证明你有多大的困难，这个时候的你必然是不受欢迎的。这不是一种好习惯，任何领导都不喜欢。

优秀员工的做法是不管自己觉得有多大的困难，先把上级分配的任务接受下来再说。如果真有什么困难，他们在会后去跟领导沟通。之所以不要在会议上提出反对意见，首先是因为领导的工作是成体系的，员工在这里只是其中的一环，不能因为员工自身这一环影响到整个团队工作的推进。

（3）立即按指令行动

一旦领导把任务正式交给你，那就应该马上按指令行动。就像军队里的士兵一样，人随命令而动，不能有一时一刻的延误。比如，领导责备下属采购单有问题时，下属应该马上承认错误并且立即改正错误。

职场必读

　　很多企业家认为，那些有服从意识的员工才是他们所需要的，尤其是营销型企业。因为他们知道，只有服从才能保证公司里的决策顺利执行下去。

把服从变成一种习惯

　　服从是团队的原则，也是团队存在的基础。对于公司团队来说，没有服从，一切都无从谈起。一个具有卓越执行力的公司，一定是建立在意志统一、绝对服从、令行即止的基础上的；一个优秀的员工，一定是具有绝对服从的意识，积极服从，主动服从的。二者之间互为因果，相辅相成，相得益彰。公司的整体利益，不允许员工我行我素、抗令不遵；员工的个人利益也只有服从公司的利益才能得以实现。

　　如果没有严格的规章制度和严明的纪律，公司就会如同一盘散沙。员工都不服从领导，公司将会散乱无序，无法生存和发展。也许有人会提出这样的疑问：不服从只是对公司有损害，这与员工有什么关系呢？这种观点是非常片面的。

　　首先你不妨问问自己，工作的目标是什么？无论是最基本的薪水，还是更高层次的职业梦想，个人的发展都离不开公司这个舞台。公司能提供个人发展需要的必要条件，对个人事业发展的作用是巨大的。

　　既然公司是个人事业发展的平台，那么，如果这个平台不是足够大、足够高的话，对个人发展显然是不利的。也许有的人会说："我可以选择一家更好的公司来作为自己的发展平台。"但是，如果在一个小的平台上都不能做得非常出色，又怎么会有机会选择更好的平台呢？

谁都希望可以到更好的平台去发展，但不是谁想去就能去的，这么容易的话，这个平台还能那么好吗？即使在一个优秀的公司里，也同样需要服从。如果不服从，再好的平台也会成为废墟。

换个角度来看，每个人都希望获得公平的待遇，但是公平的环境是需要大家一起去营造和维持的。任何人都无法脱离限制。从整个社会来看，有法律的限制；从公司来看，也有制度的限制。因此，如果希望获得公平的待遇，首先就不要去破坏制度的约束。只希望任何事情都遵从自己的意愿，显然是不道德的，更是不现实的。

服从除了对人的服从以外，重要的就是对规范和制度的服从。如果我不服从制度，你不服从制度，他也不服从制度，那么这个公司还有公平可言吗？这样的工作环境会是你想要的吗？由此可见，为了获得公司公平、有序的工作环境，自己首先要服从。

服从同时会使得整个公司的各个环节有效率。任何工作都有工作流程，就如同在一个流水线上工作一样。流水线效率的高低，往往取决于在流水线上工作的人，能否快速地完成自己的工作任务，以保证下一道工序的顺利进行。而如果某一个环节有所延误的话，那么整条流水线都要停下来等待这一环节的工作完成。流程中各环节及时准确地完成工作，是保证整个流程体系顺畅的前提。否则，整个流水线的工作就是无秩序的，更谈不上效率了。

如果下属不服从统一指令，各有各的想法，公司会怎么样呢？公司会产生内耗，可能原地不动，甚至是后退。如果每个人都服从指令呢？公司的工作会有效率，可能在短时间内积累价值，个人也就可能会获得一个更好的平台去发展。

看一个员工是否真正优秀，就看他懂不懂得服从命令，听从指挥。

一个公司团队，如果下属员工不能无条件地执行领导布置的工作和任务，就会对工作目标的实现产生阻碍和破坏。所谓员工个人的创造性、主观能动性，都是在公司的制度下，服从领导安排的任务，为完成任务而发挥的个人能力。如果上级领导的命令得不到贯彻执行，那么公司再好的战略思路、经营方针也落不到实处，变不成现实，转化不成效益。如此一来，员工的个人价值也就无从实现了。所以，公司要发展，员工必须服从命令，不找理由和借口，不推卸责任，第一时间去执行。

如果问公司的领导什么样的员工最令人头疼、最难管理？大多数领导都会回答，是那些不服从工作安排，不服从领导决策的员工。这样的结局就是互炒鱿鱼，这样的员工不是被领导炒掉，就是炒了领导。而反观那些能长期在公司工作，经常得到重用、被提拔的员工，都是坚决服从领导安排的员工。当他们对领导的命令有不同见解时，能及时与领导沟通，并坚决贯彻执行，出色地完成任务。

员工作为团队的一员，无论是日常小事，还是决策大事，都必须时时刻刻服从领导的安排。就算自己的才华比领导高，就算自己的头脑比领导聪明，也绝对要按照领导的命令去执行，因为领导所处的位置更高，责任更重，考虑的角度可能是自己视野达不到的，他的决策往往是和整个公司保持一致的，所以必须无条件执行，坚决执行。否则员工都按自己的标准去进行判断，去行事，那就会有令不行，失去团队具有的巨大威力，最后公司将一败涂地，员工也会一事无成。

在公司中，很多员工认为，服从就是对的就服从，错的就不服从。这种观点是非常错误的。服从是无条件的，没有理由的，凡是上级安排的，领导命令的，作为员工都要马上执行，绝不含糊。

一个生产粮的公司，专门为各大城市宠物店供应宠物粮。有一次，一个客户预订了一百箱猫粮罐头，但要求用狗粮罐头盒进行包装。老板按顾客的要求安排下去，并一再叮嘱，不能弄错，但产品发出不久就被退回，并要求公司承担相应的赔偿。

老板很纳闷，打开包装箱才看到，发出的货品还是用猫粮罐头盒包装的。老板非常生气，忙把当时的值班班长叫来，问个究竟。原来，值班班长认为肯定是老板弄错了，猫粮怎能装在狗粮盒里，又不好意思跟老板争辩，便自作主张，使用了猫粮的盒子。

他哪里知道，顾客之所以这样要求，是因为这个顾客养了很多猫和狗，猫不知怎么都养成了一个习惯，不是装在狗罐头盒子里的就不吃，而且也不吃狗的粮。顾客只好每次用狗吃完的盒子喂猫，感觉非常麻烦，于是就向这家公司高价定做了一批特殊的"狗"粮。

作为员工，根据自己的感觉去判断正误，是不正确的。当你对事情做出对错判断的时候，实际上已经说明你比领导更具判断力。但是你的判断标准仅仅是你自己的判断标准，并非领导和公司的标准，因此，执行命令前做出正确与否的判断，并不恰当，最合理的办法就是立即执行，用结果去判断正误。

对于员工来说，工作的第一步，就是学会服从，只有服从，才知道工作从哪里开始，怎样去工作，如何出色地完成工作。所以，员工要树立以服从为天职的观念。面对工作，无论你的知识多么丰富，积极性多么高，都无法代替你的职位和思考角度的局限性。

学会接受命令，执行命令，必须怀着虔诚和敬仰的心，认真地接受，出色地完成，因为这折射着你的工作态度和工作精神。接受领导的命令，也意味着与领导的合作已经开始，你的服从就意味着对领导的尊敬和认可，只有这样领导才会对你信任，才会对你的工作放心，才会大胆地给你安排工作，你才能成为公司最需要的人。

职场必读

　　要学会服从，自觉服从，主动服从，必须从日常行为做起。要服从公司制度，遵守公司制度，时时按制度要求自己，按制度办事。例如简单的考勤制度、卫生制度等，从小处抓起，从小事做起。坚决服从领导安排，一丝不苟地执行领导的命令，及时出色地完成领导安排的工作任务。

CHAPTER 05　第五章

定位，找准自己的位置

　　每个人都有自己的擅长之处，做自己擅长的事情比较容易取得成功。作为员工要能够准确找到自己的位置，让自己适应所从事的工作，在工作中不断完善自己，同时将工作做得越来越好。

对工作要有认同感

人一生的全部活动不外乎三个内容：生存，发展，享受。无论哪个内容的实现，都无法离开职业生涯的帮助。人需要在工作中寻找归宿和价值，实现理想。工作可以满足个人需求，让人快乐。作为一个员工，要这样想：公司给了你工作，你成为其中的一员，担当了一份职责，你只有做好本职工作，才能享受到劳动的成果——安身立命、养家糊口、实现自我、体验快乐。所以，对待工作要有主人翁心态，工作不是为了别人，而是为了自己。

既然工作是为了自己，那在公司工作对公司负责也就是对自己负责了。人生中最大的责任是对自己负责，唯有对自己负责的人，才对得起自己，有益于社会。只有勇于对自己负责的人，才能勇敢地面对生活，才能永不松懈地追求上进，才能持续不断地努力完善自己，才能把工作干得更好，才有利于公司的发展壮大。所以，我们必须对自己负责，树立工作是为自己做事的观念。

既然已经从事了这一职业，选择了这一岗位，你就必须以正确的姿态来面对它。既然选择了一家公司，你就必须对它忠诚负责，决不能朝三暮四。拥有好的态度，有的人是因为自己美好愿景的拉动，有的人是因为对工作心存感激。

只有梦想，才能激励自己不断提升；只有心存感激，才能使自己乐于工作、乐于奉献。在众多公司中，你选择了现在的公司，同时公司也接受了你，这是双方的选择。就像两个人结婚一样，既然相互选择，就得风雨同舟、患难与共、相携相伴。

每个工作环境都不可能是十全十美的，我们不能只是看到环境的缺点，就满腹牢骚、郁郁寡欢，还要发现问题积极解决，努力利用工作中的宝贵资源和经验。

在这个世界上，没有不需要承担责任的工作。工作意味着责任，丢掉责任就意味着丢掉工作。工作和责任是密不可分的，在工作中表现优秀的人往往都是那些有强烈责任感的人；发展得好的公司，也往往是那些有责任感的公司。

工作是为了自己，而不是别人，正因为工作是为了自己，所以不需要别人来监督。每位员工必须与组织紧密联系在一起，应该具有强烈的组织认同感和归属感。只有每个人都表现出自己的使命感与责任感，群策群力，集思广益，公司才能够焕发活力，顺利健康地向前发展。

公司和员工的关系应该是"公司兴亡，员工有责""唇齿相依、荣辱与共"。"皮之不存，毛之何焉"，只有认识到这一点，才能在工作中努力工作。无论我们从事什么职业，都要把它看成自己的事业，把自己看成一家公司，而自己就是这家公司的经营者。我们应该把工作当成磨炼自己意志的场所，培养自己获得成功的力量。

工作是自我实现的需要，公司是你施展才华的舞台。在公司竞争激烈的今天，如果与公司共命运的理念，能够根植于每个员工的心里，而不是将其当成口号仅仅贴在公司的墙壁上。那么，公司就会创造出惊人的业绩，员工就会激发出极大的潜能。

作为一名员工，如果不能主动与公司同步成长，那么不但会使公司的发展受到制约，而且他自己最终也难逃被公司淘汰的命运。作为一名员工，我们应加倍努力工作，不断克服困难，迎接新的挑战，在工作中不断学习，提高自己的业务能力，适应公司快速发展的要求，与公司共成长。公司的发展与成长是我们的幸福，我们的提高要以公司成长为依托。我们的提高同时也是公司发展的基础，正所谓"一荣俱荣，一损俱损"。

一家西餐厅里急需服务员，于是，就在城市最显眼的地方张贴招工广告，在报纸上发布信息。先后有三个人前来报名，并且都得到了这份工作。工作几个月之后，这三个人都对工作有了不同的感受。正好赶上了劳动节，一个电视台的记者来到餐厅采访了他们。

记者采访第一个人的时候，他正在有气无力地打扫餐厅。记者问："你认为在西餐厅工作有意义吗？"第一个服务员白了记者一眼说："餐厅的工作真是无聊透顶，别人吃饭我站在旁边看着，心里早就烦透了！"

记者又采访了第二个服务员，第二个服务员的态度比第一个服务员好很多。当记者采访他的时候，他正在折叠餐巾纸。当记者把刚才问过的话题重复了一遍之后，他说："这个工作很枯燥，工作时间很长，不过工资还好，要比一般的小餐馆高出很多。为了尽快存下一笔钱结婚，我选择了这个工作。"

最后，记者又采访了第三个服务员，当时，他正在精神饱满地向顾客推荐一款美味的黑胡椒牛排。当客人点好餐之后，服务员很有礼貌地拿着菜单离开。然后，利用休息时间记者对他进行了采访。记者向他重复了那个问题："你认为在西餐厅工作有意义吗？"第三个服务员神采奕奕地对记者说："我认为自己正在做一项非常了不起的工作！"他的回答很出乎记者的意料，记者又问："为什么这样说？"他说："俗话说：'民以食为天。'我们在做一项像天一样重要的事，怎么能不让我浑身充满力量呢？"

第三个服务员对工作的态度深深地感染了记者，后来他写了一篇文章，发表在报纸上。很多人通过报纸知道了这个服务员的工作态度之后，都特地来这家餐厅，享受一顿美餐，这个西餐厅的生意也因为这个服务员的工作态度变得更加兴隆了。老板很快就提拔这个服务员为店长，而第一个服务员由于消极怠工，被老板辞退了。

　　同时进入餐厅工作的三个人，对同样的工作有着完全不同的感受。为什么会这样呢？最根本的原因是他们对自己的工作都有着不同的认识。正是由于不同的认识，造就了不同的工作态度；不同的工作态度，造就了不同的价值观；不同的价值观念，造就了他们不同的人生。

　　要想在职场获得成功，最为重要的一点就是对自己的工作要有认同感。只有对自己的工作有认同感，才会心甘情愿地付出更多的时间和精力去将自己的工作做好。即使你所从事的工作不是我们喜欢的，或者根本不适合你，你也可以学到经验和技巧之后再做出最后的选择。

　　一旦我们认定了某种职业，就要多加学习和思考，想办法在自己的工作领域做出贡献。只有这样，你才会打起精神，不断鼓励自己，向着更高更远的方向努力。如果你所从事的正是你梦寐以求的，那你就更要加倍努力了。对自己的工作有认同感，你的动力才会更足，成功的可能性才会更大。

　　那些能将工作当成使命的员工，从来都是虚怀若谷的，不会因为自己某一方面的成就而盛气凌人。他们从来都能清醒地对待自己，正视现实，积极主动地迎接工作中的一切困难和挑战。

　　能够将使命贯穿在工作中的人，能够在布满荆棘的职场之路上奋勇前行，不管遇到什么样的困难和挫折，都能够依靠自己的勇气和信念获得成功，因为他们已经将工作当成自己的一种使命。

职场必读

　　只有处处以公司利益为重，与公司同呼吸，共命运，把工作当成自己的事业，以百倍的勤奋和敬业与公司共同发展，才能得到公司的重用，并在事业上得到长足的发展。

发现自己的优势

在经济疲软期，日本许多著名公司改变经营策略，把精力集中到最受欢迎的特长产品上，结果生存了下来。"把力量集中于自己的专长，就可以生存下去，甚至更强大！"同理，作为一名员工，也必须拥有自己的核心优势，才能充分发挥个人所长，找到正确的人生定位。

有的人误以为，只要通过学习，每个人都可以胜任很多事；每个人的弱势是他成长空间最大的地方。为此，他们总是不断投入时间和精力，希望将自己的弱势提升为优势。虽然有些人可能成功了，但大部分人并没达到理想的效果，甚至与实际情况正好背道而驰，因为他把时间都花费在弥补自己的弱势上，而使自己的优势也不再明显。

大学毕业后，肖杰在一家出版社做编辑，编了几本书，但社会反响并不好，发行量也勉强保本。在这期间，他还被合作者"涮"过两回，筹划了几个月，先期也有了一些投入，但最后出书计划流产。

原本话不多的肖杰变得越来越内向，不愿意与人沟通，不相信别人，事无巨细都要自己去做。在一些具体工作的细节上又特别苛刻，对自己对别人都一样，变成了一个"绝对的完美主义者"。如此一来，同事们都不太愿意与他共事，肖杰感到十分苦恼。

这时，领导看出了他的问题，于是主动找肖杰谈话，并帮助他进行分析：肖杰的优点在于天资聪慧，对人对事充满了好奇心，对人对己都有很高的要求，是个完美主义者。所以，他不适合从事需要较多与人沟通的工作，更适合做一些创意性的工作。

经过领导这番点拨，肖杰心里像是点亮了一盏灯。其实，他从小就对美术感兴趣，很有绘画天赋，阴差阳错才当上了文字编辑。于是，肖杰利用业余时间去进行了一些相关的技能培训。后来，他就被领导调到了设计部做美编，凭着扎实的美术功底和苛求自己的精神，经他设计的作品，不断受到客户的赞扬。不出半年，他已升为设计部主管了。

每个人所拥有的才能是独特的，每个人的优点才是自己成长空间最大的地方。一个人之所以成功，不是因为他弥补了每一个弱点，而是因为他最大限度地发挥了自己的优点。

经营自己的长处，首先要善于发现自己的优势，大多数人都以为清楚自己的长处何在，其实不然。很多人总是拿自己的缺点去和别人的长处相比，比来比去，自信心没有了，不是觉得自己处处不如人，就是觉得自己一无所长，然后就会说："我实在是太平凡了，根本没有什么特殊才能。"

古人云："天生我材必有用。"我们每个人都有自己独特的地方。即使是那些看起来很平常的人，也会在某些方面有独特的禀赋，不可能一无所长。只要用心发掘，一定会发现那些被你忽略的"闪光点"，不要多，只要一点点就够了。

人人都有自己特有的天赋与专长，从某种意义上说，每一个人都可以称为天才。但只有少数人发现了自己的天赋，并把它充分发挥了出来。苏炳添是短跑冠军，王励勤是乒乓球冠军，乔丹是篮球"飞人"……他们之所以成功，正在于他们都是在做自己最擅长的事情，都是在拿自己的长处和别人的短处较量。他们本是普通人，但因为在某一点上超过了所有人，因而获得了成功。

要发现自己的优势所在，我们就要学会正确地认识自己、分析自己。很多人会发现自己在做很多事情时，需要学习，需要不断地修正和演练；而在做另外一些事情时，却几乎是自发的，不用想就本能地完成这件事，这就是你的优势。

发现自己的优势不易，经营优势更难。因为经营优势需要放弃一些东西，要勇于拒绝眼前利益的诱惑。专心来做自己最拿手的事情，不仅要一心一意，还要不跟风，不动摇，常常有一些员工这山望着那山高，因为贪图安逸，放弃自己的专长，去从事一些安逸的工作，殊不知，这样做的结果只能是一事无成。

小戴毕业几年了。很多大学同学已经在各个领域里取得了相当好的业绩，可他却一直没能找到一份满意的工作，因为他总是觉得自己做什么都行，所以，只要是热门的职业，他都想去"凑个热闹"。IT业热时，他做电脑设计；网络兴起时，他又跳槽去做网络；当发现网络是个泡沫时，又去做保险，他认为这就是紧跟潮流的一种时尚……

一次聚会时，大学时的校友问他："小戴，你在大学里是学什么的？"他以为校友健忘，回答说："跟你一样，学计算机的。"校友又问道："那你觉得自己最擅长干什么？"小戴想了想，说："还是计算机。"校友笑道："那你不做自己的专业，瞎跟着别人起什么哄？你在和别人抢不属于自己的面包，能抢到手吗？属于自己的专长放着，你却不用。"小戴恍然大悟，重新应聘到了一家计算机公司。

一年后，同学聚会，小戴神采奕奕，风度翩翩，因为他在自己最擅长的工作上做出了相当不错的业绩，受到上司的赞赏和同事的尊敬，同时也在工作中感受到了快乐和满足。

如果你想在职场中获得成功的话，就不能脱离了自己最擅长的方向。在工作中，你最擅长的事情可以是一种手艺、一种技能、一门学问。

"寸有所长，尺有所短"，这是个非常简单的道理。如果能清楚地认识到个人的职业优势，认识到自己的不足，就能帮助自己找到合适的工作，在正确的位置上发挥更大的作用。

判断一个人是否成功，最主要看他是否最大限度地发挥了自己的优势。而最大限度地发挥自身优势，便是一个人职业生涯设计的重要依据。在自己的职业生涯设计中，如果你能根据自身优势选择职业并顺势而为地将自己的优势发挥得淋漓尽致，就会事半功倍，如鱼得水；如果你选择了与自身爱好、兴趣、特长背道而驰的职业，那么，即使后天再勤奋弥补，即使你耗费了九牛二虎之力，也可能是事倍功半，难以补拙。

清楚自身优势是什么，并将自己的生活、工作和事业发展都建立在这个优势之上，这样，我们离成功就会越来越近。

职场必读

　　坚车能载重，渡河不如舟；骏马能历险，耕田不如牛。世间万物存在的现象都揭示了这样的道理：扬长避短，经营自己的优势，才能实现自己的价值。

把工作当成事业

将自己的职业当成事业，你对工作的态度将会有一个极大的改变。如果拥有这样的态度，不管多么枯燥、乏味的工作，你都能从中感受到它的乐趣，并津津有味地干下去。

身在职场，每个岗位的员工都有自己肩头必须担负的使命。如果在日常工作中，担负起自己的使命，就能够将全部精力都投入到工作中，进而提高自己的能力。那些能够将自己的工作当成使命的人，其积极性、主动性必然能大大提高。职场上，每个人的工作能力固然不尽相同，但并不代表工作能力强就是优秀。

那些能将工作视为自己使命的人，即使暂时能力并不高，也能够让人充分信任他们。如果再加上自己的努力，取得成就，那么这样的人才就是最优秀的。那些对工作充满使命感的员工和普通员工的区别就在于：将工作视为自己使命的人，更加懂得什么是责任，什么是忠诚。他们会为自己的一个承诺、一份理想而奋斗不止。

职场中，让自己富有使命感并不仅仅是领导的专利，也是每一个优秀员工必须具备的素质。作为一名员工，只有意识到自己与公司是一体的，将公司发展壮大是自己的工作使命，才会尽心尽力地去做好每一件看似普通的小事。也只有这样，才能为自己赢得更广阔的发展舞台。

然而，令人遗憾的是，许多员工似乎并不知道自己的使命是什么，也从来不认为工作有什么使命，只是自己赚钱养家糊口的工具而已。这样的人，就很难有进取心，很难将自己的潜能发挥到最大，也很难得到公司的信任。正是如此，想要在公司中得到长足的发展，就要在工作中建立一种使命感，意识到自己不单单是在为公司赚钱，也是在为社会做贡献。你要清楚，如果你离开离公司，除了自己断了收入来源外，公司也会遭受很大的损失，你是公司成功不可缺少的一部分。

强烈的使命感能提高员工的努力程度和工作能力。如果公司中每名员工都能将自己的使命当成生命一样去捍卫，那么他就会以自己所从事的工作为荣，将自己当成团队这个工作链条中不可缺少的一环。而且，这种使命感会让员工能够更加努力，尽自己最大努力去完成工作任务。

由于自幼家境贫寒，杰科克15岁就辍了学，开始了打工生涯。刚开始，杰科克来到一个小山村，做了一名马夫。这样的差事，是许多同他一样的贫苦孩子的首选。整天混迹在没有知识、没有素质的马夫中，杰科克并没有灰心丧气。他将马夫这个职业当成自己的事业来对待，每天，他都尽力把自己本职工作做到尽善尽美。

在当了三年马夫之后，由于杰科克做事细心，他被当时名噪一时的钢铁大王卡内基看上了，他将杰科克招到自己名下的一个建筑公司去工作。

这个行业是杰科克从来没有接触过的新行业。他想要将这份工作做好，是有着相当大的难度的。但是，杰科克从一进入这家企业开始，就抱定决心要做一名最好的员工。他又将这份工作当成自己毕生追求的事业，拼命地努力着。

当其他工人都在抱怨薪水太低的时候，杰科克在工作；当其他员工在休息的时候，杰科克在工作；当其他员工在消极怠工的时候，杰科克依然在工作。他就是这样认认真真、踏踏实实、勤勤恳恳地工作着，默默地积累着自己的经验。

此外，杰科克还抓紧利用一切业余时间，学习一些与建筑和管理相关的课程，用知识来武装自己。在工作中，杰科克从来不会浪费时间。

一天，同事们聚在一起闲聊，只有杰科克倚靠在一个角落认真地读着书。这时，公司经理视察工作，看到认真读书的杰科克，就好奇地问："你平时工作那么累，为什么不休息一会儿呢？"

杰科克说："我们公司并不缺乏能干的人，而是缺乏管理类的人才。所以，我想抓紧时间学些管理上的知识。"总经理听了这话十分高兴，并默默地记下了这个年轻人的名字。不久，杰科克被提拔为技术师。

将工作当成事业来做，这是杰科克一贯的信念。正是在这股信念的鼓励下，杰科克依靠自己的努力，一步步升到了总工程师的职位。在他35岁那年，他又被提升为这家公司的总经理。

许多人总是认为自己只是给别人打工，是在凭借自己的脑力或体力来谋取一份薪水，以此来养家糊口。因此，一旦进展不顺利，就会一味地抱怨、发牢骚。这样的人，最终还是个打工者，永远开拓不出属于自己的事业来。

如果你仅仅是将自己的工作当成谋生的工具，而从未将其当成自己事业的话，那你永远不会成为最优秀的员工，更不会得到迅速的升迁，也不可能在自己的工作中得到满足，更不要谈什么前途发展了。

一般来讲，一个人的工作是有限的，而他的事业是无限的。工作是阶段性的，而事业是一生的。工作仅仅是对某项理念和某种任务的执行。比如，你从事某项工作，并从中获取自己的报酬；事业则是你在工作中，自觉地发现不足，及时改正，将为公司做出贡献作为自己奋斗的目标，是发自内心地想要完成的事情。

同样一件事情，如果你将其仅仅当成工作，那你就会尽量保证不出错，仅此而已；如果你将其当成自己的事业，那你就会为之而奋斗一生，想尽一切方法来将其做到最完美。将事业当成工作的人，只是一个打工者而已；而把工作当成事业的人，则有可能成为公司的领导者和决策者。

工作永远是交换薪水的工具；事业则是令你成就自我的平台。工作是枯燥乏味的；而事业则是快乐而充满激情的。那些将工作当成事业的人，往往会在平凡的岗位上成就一番大业。

职业交换薪水，事业创造价值；工作可能很辛苦，但事业一定很快乐。一个人要在激烈的竞争中占有一席之地，没有把职业当事业的态度，是不可能有所作为的。公司最需要的人是将工作当事业来做的员工，而不是将工作仅仅当工作来做的员工。

职场必读

工作指的是一个人从事的一项活动，它的功能是为自己换来薪水；事业指的是一个人毕生追求的目标，为此目标他有着无穷无尽的奋斗不息的动力，更侧重的是一种社会活动。

建立自己的品牌

一个公司发展的决定因素是人，个人品牌就是个人在工作中显示出的独特价值。它就像公司品牌、产品品牌一样，要有价值，要有知名度。

初入职场的人，还没有个人品牌，只有在工作中，以自己的努力和特有的价值获得认可，才能被业界认同，个人品牌一旦形成后，就具有了一定的品牌价值。

公司如果有了品牌，它做任何事情就会相对容易一些；个人一旦建立了品牌，工作起来就会事半功倍。

业绩是检验一切的标准，体现个人的价值最终要用业绩来证明自己，要在工作中树立品牌，就必须比别人付出更多。所以，我们在工作中要自磨自砺，做到勤奋——"成功无秘诀，唯勤而已"；做到拼搏——"不甘落后，勇争第一"。

让自己具备敬业、专注、服从、创新、自律等崇高的职业精神，在残酷的竞争中认真履行职责，挖掘自己的潜力，用优异的业绩证明自己的价值，为公司创造更多的价值。

管理学家华德士提出：21世纪的工作生存法则就是建立个人品牌。他认为，不只是企业、产品需要建立品牌，员工也需要在职场中建立个人品牌。所谓个人品牌也就是作为员工在职场中的比较优势。竞争并不可怕，可怕的是自己没有独特的优势。

从现在开始，发现自己的优势，经营自己的优势，让你的老板一下就能想起你："哦，这项任务由他来担当最合适，他具有这方面的优势！"

想在现代职场中脱颖而出，就必须善于从工作中汲取经验、探索智慧，发现有助于自我提升的机会。一切事物随着岁月的流逝都会不断折旧，我们的知识、技能也一样会折旧。在风云变幻的职场中，脚步迟缓的人瞬间就会被甩到后面。就业竞争加剧是知识折旧的重要原因。

想要自己成为职场的常青树，除了要不断地给自己充电，通过不断的学习来更新已有的知识结构，增进工作技能，还需要注意个人品牌的打造。最了解自己的人就是我们自己，我们知道自己的性格趋向，知道自己的专业水准。准确地给自己的职业生涯做一个适合自己的规划，以发挥自己的优势。这是个人职业规划非常重要的一部分。

在大学学财务专业的小俞毕业后非常希望能够从事专业方面的工作。但是由于就业竞争激烈，他没有找到自己喜欢的工作。

人才市场有一家保险公司在招聘业务代表，市场营销人员需求量大，他的一些同学也改行做销售了。小俞抱着试试看的心理投了简历，毕竟总不能等着失业吧。没想到，他被录用了。

对于第一份工作，小俞非常投入和勤奋，加上天资聪慧，很快就做出了成绩。五年后，小俞通过自己的努力和业绩，成为这家保险公司的大区经理。可是，他并不快乐，总觉得自己的专业扔了可惜。

有一天，某公司招聘财务经理，他终于忍不住投了简历。他认为自己也不是学保险专业的，既然这个工作能做好，自己专业的工作会做不好吗？何况他目前的成绩也是简历上非常重要的证明个人能力的一页。但是，几个星期过去了，他没有收到面试的通知。以后，小俞又尝试了几次，都是没有结果。小俞有些明白了，也许他只能在营销工作中走下去了。

有小俞这样职场经历的人肯定不少，这就是一个职业规划的问题。我们要慎重选择职业，但是一旦做出了选择，那就应该放弃别的念想，爱上自己的职业，并在自己的职业中经营好个人的品牌。

职场竞争中，个人的工作方法、工作技巧、工作流程都可能被竞争对手复制，但个人品牌却是无法复制的，它是优秀人才的关键性标志。以前也许是我们去找工作机会，而现在是工作机会来找我们。

当今时代，一个人的事业已经从做一份工作、追求一个职业，发展到要建立个人品牌。

管理专家宋新宇说："个人品牌就是个人在工作中显示出独特的价值。它就像企业品牌、产品品牌一样，要有知名度，更要有忠诚度。"

较强的工作技能是个人品牌的核心内容。在工作场所，能力不强的人想树立个人品牌难。就像一个产品，客户服务再好，如果三天两头出故障，也会让客户避而远之。精深的专业技能是个人品牌建立的重要元素。"个人唯有专精，才能生存。"彼得·杜拉克指出："现在，个人专长的寿命比企业的寿命长。"如何将自己的技能和工作风格，形成特色，具备不可替代的价值，这是建立个人品牌的关键。

建立个人品牌是一个长期的过程，要不断学习新知识，补充新内容。在学习上，一般人常犯的错误是漫无目标地学习、跟风学习。会计热就学会计，电子商务热就学电子商务，也不管所学的知识对自己的职业有没有用。要建立个人品牌，就要学习那些对自己职业有用的知识，而不是学一些今后根本用不上的知识。

品牌员工要做个合格的职业人。作为职业人，要树立正确的职业理想，要具有良好的职业道德，要与职业以及行业的规范和要求保持一致，养成良好的职业习惯，坚守职业道德。品牌员工要做个合格的企业人，要与企业价值观保持一致；言行举止要以企业大局为重，处处为企业着想，准确体现和促进企业形象，谋求企业利益最大化。品牌员工还要做个合格的岗位人，尽职尽责，爱岗敬业，出色完成岗位任务。

要成为品牌员工，既要有才，更要有德，要具有人格力量和人格魅力。品牌员工不仅要忠诚于企业、忠诚于团队、忠诚于同事，还要忠诚于职业、忠诚于朋友、忠诚于社会。守信是通往成功之门的钥匙，诚信是最好的品牌阐释。对恪守诚信的人，人们会格外推崇、依赖和亲近；而对不守信用的人，则轻蔑、贬斥和远离。

智慧成就未来，心态决定成败。在职业成功要素中，情商往往比智商作用更大。拥有并保持良好的心态是充分发挥自身才干、成为品牌员工、达到职业成功的必备条件。要成为品牌员工，我们需要在工作中多换位思考，与各方保持良好的沟通，重视并处理好人际关系。

摆正心态，放眼未来。品牌员工要对自身的职业发展做出合理的规划，立足长远，必要时要舍弃眼前小利，一切行为均以未来发展为依据进行取舍，树立正确的职业理想，养成良好的职业习惯。

品牌员工需要企业与员工联合打造，离不开企业与员工之间的相互信任、相互尊重，离不开企业与员工之间的深度沟通、真诚互动，离不开企业与员工之间的密切合作、共进共赢。

职场必读

　　初入职场的人还没有个人品牌，只有在工作中以自己的努力让我们的价值获得认可，才能打造出个人的职业品牌。个人品牌一旦形成后，就具有一定的品牌价值。

高效，提升工作的价值

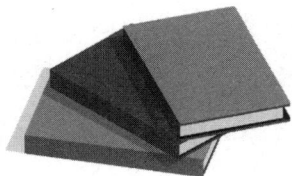

在职场中，有些人整天忙忙碌碌，但却不见成效。之所以会如此，是因为他们工作没有效率。若想成为公司最需要的人，就应该提高自己的工作效率，进而可以提升自己工作创造的价值。

专注才能出效率

专注和效率往往相伴存在。能够在工作中做到专注的员工，往往有着较高的工作效率。那些在工作中整天忙碌而效能低下的员工，主要原因就是他们做事不专注。

按工作重要性进行排序，把工作尽量简化也是专注的要求，只要按照这些要求去做，就会在无形中提高自己的工作效率。在未来的挑战中，告诉自己全神贯注于眼前的任务，不要被纷繁的表象吓住。

一个人在工作中常常难以避免地被各种琐事、杂事所纠缠。有的人由于没有掌握高效能的工作方法，而被这些事弄得筋疲力尽、心烦意乱，不能静下心来去做最该做的事，或者是被那些看似急迫的事所蒙蔽，根本就不知道哪些是最应该做的事，结果白白浪费了大量时间，致使工作效率不高、效能不显著。

让我们一起来看一看那些工作出色的人是怎么对待自己繁忙的工作的。

火车站的问询处每天都是人山人海的，来往匆匆的旅客都争着询问自己的问题，都希望能够立即获得答案。问询处的服务人员工作的紧张程度与压力就可想而知了，疲于应对可能是他们的共同感受。可柜台后面的那位服务人员却是个例外，他看起来一点儿也不紧张，这实在是令人不可思议。

这位服务人员身材瘦小，戴着眼镜，一副文弱的样子，要面对大量缺乏耐心和混乱的旅客。让人难以想象，在如此巨大的压力面前，他还能镇定自若。

在他面前的旅客，是一个矮胖的妇女，头扎一条丝巾，已被汗水湿透，她的脸上充满了焦虑与不安。问询处的那位服务人员倾斜着半身，以便能倾听她的声音。

"是的，你要问什么？"他把头抬高，集中精神，透过他的厚镜片看着这位妇人，"你要去哪里？"

这时，有位穿着时髦，提着皮箱，戴着昂贵帽子的男子，试图插话进来。但是，这位服务人员却旁若无人，只是继续和这位妇女说话："你要去哪里？"

"春田。"

"是俄亥俄州的春田吗？"

"不，是马萨诸塞州的春田。"

他根本不需要看行车时刻表，就说："那班车是在十分钟之内，在第十五号月台出车。你不用跑，时间还多得很。"

"你说是十五号月台吗？"

"是的，太太。"

"十五号？"

"是的，十五号。"

女人转身离开，这位先生立刻将注意力移到下一位客人——戴帽子的那位身上。但是，没多长时间，那位太太又回头来问一次月台号码。"你刚才说是十五号月台？"这一次，这位服务人员集中精神在下一位旅客的身上，不再管这位妇女了。

有人询问那位服务人员："能否告诉我，你是如何做到并保持冷静的呢？"

那位服务人员这样回答："我并没有和公众打交道，我只是单纯处理面前的一位旅客。忙完一位，才换下一位。在一整天之中，我一次只服务一位旅客。"

　　每个人的精力都是有限的，如果将有限的精力同时放在几个不同的目标上，就很难取得成功，最终将一事无成；相反，如果将自己的全部精力专注到一件事情上，就一定能够获得更多的机会。

　　正如管理学家卡莱尔所言："每一位员工都应该这样想，即使最弱小的生命，一旦把全部精力集中到一个工作目标上去，也会有所成就，而最强大的生命如果把精力分散开来，最后也将一事无成。"

　　只有专注于最重要的事情，你才能更有效地使用你的精力。完成一件事后，再开始做下一件事，才能提高效率。在工作中不是每一件事都同等重要，我们在用有限的精力去面对多件事情时，就要学会从中选出最重要、最需要马上处理的事情，专注把它做好。千万不要眉毛胡子一把抓，这是最没有效率的一种方法。

　　从小我们就听过"水滴穿石"的故事，即使一颗小小的水珠，只要不断地滴下来，就一定能够把最坚硬的岩石滴穿。因此，任何一名员工，只有专注自己的工作，才能够保障高效的执行力，才能够赢得成功。

　　在职场中，许多人都拥有良好的工作环境、过硬的学历，就是因为没有专注的精神，才致使自己的工作经常无法完成，从而遭到老板的误解和批评。

　　在一家理发店做理发师的阿明，非常健谈。每次有顾客的时候，他都能和顾客谈得十分投机。然而，他却经常遭到老板的批评，原因是他做同样的一件事要比其他同事多耗费很多时间，影响了店里的生意。

　　对于老板的批评，阿明也非常不满意，心想，我有这么好的手艺，而且还能赢得顾客的欢心，凭什么批评我，对我不满意呢？

　　一天，店里来了一位客人，由于很多人都在忙，只有阿明比较清闲，于是这个客人让阿明给自己理发。

阿明在理发的时候，兴致勃勃地给顾客讲了一大堆奇闻轶事。原本以为会引起顾客的注意，谁知顾客毫无兴趣，就剩下阿明一个人在哪里喋喋不休地讲话。

阿明不解地问那位顾客："我在这里给你讲了半个小时的故事，你为何始终一言不发呢？"

顾客笑了笑说："我之所以坐在椅子上闭目养神，没有搭理你，就是想让你知道，你的工作是理发，而我的任务就是坐在这里让你理发。只有我们两个人都集中注意力，认真履行自己职责的时候，我们才能尽快地理好发。如果我没有记错的话，以往的理发师只需要20分钟即可完事，而你则因为滔滔不绝地讲话，耽误了你的工作。"

阿明听完顾客的话之后，在余下的时间里管住了自己的嘴巴，专心地理发，很快就将工作完美地做好了。

效率提升大师博恩·崔西有一个著名的论断："一次做好一件事的人比要同时涉猎多个领域的人好得多。"而之所以出现这种情况，就是源于专注的力量。

富兰克林将自己一生的成就归功于"在一定时期内不遗余力地做一件事"这一信条的实践。爱迪生认为，高效工作的第一要素就是专注。

一个人在进行工作时，应该专注于当前正在处理的事情。如果注意力分散，头脑不是在思考当前的事情，而是想着其他事情的话，工作效率就会大打折扣。即使事情再多，我们也要一件一件地进行，做完一件事情，就了结一件事情。全神贯注于正在做的事情，集中精力处理完毕后，再把注意力转向其他事情，着手进行下一项工作。

美国钢铁大王卡内基把自己的成功归因于勤奋和对某个目标持之以恒的毅力。他说："我专心致志于一件事情的时候，好像世界上就只有这一件事。"正是这种对自身奋斗目标的清醒认识和专注追求，造就了他最后的成功。

盖尔克是西门子中国区第一任销售总经理。他为德国西门子公司的电器产品开拓中国市场立下了汗马功劳，他本人也因此赢得了名誉，取得了巨大的成功。

有记者采访他："你可以透露一下成功的秘诀吗？"

盖尔克说："秘诀谈不上。我始终有一个座右铭：工作要专心致志，一次只做好一件事。我一直坚持这一信念，在西门子的市场部、产品销售部都工作过。如果说取得了一点成绩，这就是其中的原因。"

如今，做事是否专注，已成为衡量一个人职业品质的标准之一。在工作中能够做到专注，全身心地投入，是务实、敬业最实在的体现。只有努力养成专注工作的习惯，你的工作才会变得有效率，你也会更加乐于工作，并且更容易取得成功。

职场必读

如果你不把自己的全部精力都集中到一件事情上，势必会让工作变得拖拖拉拉，影响工作的效率。长时间下来，你就会让老板误解你的能力，认为你没有能力将工作做好。尤其是在竞争激烈的今天，如果不能够专注，势必会在激烈的竞争中惨败。

管理好自己的时间

对于公司来说，时间是一种相当宝贵的资本。在某些情况下，时间资源所获得的收益比资本和劳动力两项资源所能获得的收益要大得多、重要得多。很多公司正是由于对时间不够重视，行动迟缓，从而与商机失之交臂，失去了发展的机会。

对于员工来说，不会管理时间，就不可能成为公司最需要的人。

一名员工要高效地完成工作就必须善于利用自己的时间。对时间的有效管理直接关系到员工工作效率的高低。工作是很多的，时间却是有限的，时间是最宝贵的财富。不会合理地使用时间，计划再好，目标再高，能力再强，也不会产生好的结果。不懂得利用时间的员工就是无能的员工，浪费时间就等于浪费公司的财富。

要想成为一名优秀的员工，就必须养成严格遵守时间的习惯，必须按时完成任务，改变对时间的漠视态度。员工不应被动地被时间牵着鼻子走，而应主动地把握时间、规划时间、管理时间，让有限的时间发挥更大的效用。

不会有效利用时间的员工是最令人讨厌的。一家世界500强公司的老总说："我不喜欢看见报纸、杂志和闲书在办公时间出现在员工的办公桌上。我认为这样做表明他并不把公司的事情当回事，他只是在混日子。如果你暂时没事可做，为什么不去帮助那些需要帮助的同事呢？"

会不会利用时间不是单纯地看某个人在工作时间内是不是忙个不停。有很多员工，从早忙到晚，不但在工作时间忙个不停，而且经常加班加点。表面上看，他好像很努力，很会利用时间，但事实上并非如此。很多从早到晚忙个不停的人的工作绩效并不突出，有些还相当低。这是为什么呢？就是因为他们每天都在"瞎忙"。有效地利用时间绝对不是"瞎忙"，而是高效率地利用时间，可以使每一分、每一秒都产生最大的效益。

公司最需要这样的员工：他们永远准时，从不忘记要办的事情；总是能够按事先计划的步骤，如期甚至提前完成工作；事事都办得很完美，总是轻松无比。他们并没有超出常人的能力，他们只是懂得时间管理的技巧与方法。

能不能管理时间，关键在于会不会制定完善的、合理的工作计划。简单地说，工作计划就是为自己制定一个工作时间表，某年某月某日要做什么事；哪些事先做，哪些事后做，哪段时间内以哪些事为重点；安排哪些时间做什么事等。

真正会利用时间的员工，不是把大量时间花于忙乱的工作中，而是用在拟订计划中。能干的员工，用很多时间去周密地考虑工作计划——确定完成工作目标的手段和方法，预定出完成目标的进程及步骤。

不但在年初这样做，在动手做每件事时也要思考一番。大的目标有大的计划，中等程度的工作有中等程度的计划，小的工作则有小的计划。总之，大事小事，都要事先周密考虑。一旦考虑出完整的计划，执行起来就很顺利。表面看来，做计划和考虑问题的时间占用得多了，但实际上，从总耗用时间量来计算，却节省了许多宝贵的时间，充分利用了时间。

一名善于管理自己时间的员工，总是使用估计、分配与控制等方法，用排定事件先后次序、工作时间表以及分配任务等方式，根据事务的重要性，按先后顺序排列事务清单。凡事都有轻重缓急，重要性最高的事情，不应该与重要性最低的事情混为一谈，应该优先处理。大多数重大目标无法达成的主因，就是因为人们把大多数时间都花在次要的事情上。所以，必须建立起优先顺序，然后坚守这个原则。

帕累托法则告诉我们：应该用80％的时间做能带来最高回报的事情，而用20％的时间做其他事情。把这个法则融入工作当中，对最具价值的工作投入充分的时间，就可使自己避免陷入"瞎忙"的陷阱。"分清轻重缓急，设计优先顺序"，是管理时间的精髓。

有计划地利用时间并不是要求员工额外地增加工作时间。有计划地利用工作时间，关键是合理地安排最主要的工作和处理最关键的问题。这些工作和问题，只要安排得适时和得当，就会像机器的主轴带动整个机器运转那样，促使其他的事情按时完成。

对时间的有效管理直接关系到公司员工工作效率的高低。公司员工一生的绝大部分时间都是在工作，然而光阴似箭，时间的流逝是那样悄无声息又那样无情。

有些员工整天在办公室忙忙碌碌，走来走去，书桌上各种公文及资料堆积如山，似乎每天都有忙不完的工作。这种人实际上是在对时间的管理上产生了偏差，由此造成工作效率的低下。他们不是忙得没有时间，而是没有管理好自己的时间。因此，公司员工不应被动地被时间牵着鼻子走，而应主动地把握时间、规划时间、管理时间，让有限的时间发挥更大的效用。

刚刚参加工作的新职员，在掌握工作时间上往往会出现两种极端：一种是偷懒，晚来早走；另一种是无休止地加班加点。如果你经常偷懒，每天工作不足规定的时间，那么总有一天，你会被叫进老板的办公室。因为大家的眼睛是雪亮的，何况每一个人的工作量摆在那儿，你干少了，别人就得多干。也许有人很聪明，可以在相对少的时间内完成工作，但也不应该晚来早走。积极的做法是向你的老板说明个人的情况，争取更有挑战性的工作，这也有助于个人能力的提升；另一种积极的做法是用剩下的时间自学更多的东西。

如果你过分地加班，有时也会带给你负面的影响，老板会认为你的工作能力不强，只能靠加班来完成任务。在许多公司，过分加班意味着你的计划没有做好，追究起来，是要承担责任的。一项任务，如果没有办法在计划内完成，解决的方法也不只是加班，你可以向你的老板解释要求修改计划，增加人手或寻求帮助等。

有人认为，工作的时间越长，越能显示自己的勤奋。其实，工作效率和工作业绩才是最重要的，整天忙忙碌碌但不出成果，并不是有效的工作。

毕业后，苏晶晶应聘到一家信息咨询公司，并被分配到这家公司新开设的汽车信息部跑业务。

刚开始工作时，苏晶晶手头没有客户，她采用"陌生拜访"这种最原始的方式宣传公司的业务，其间陪尽了耐心和笑脸。但是，这个失误的计划，使她在工作一段时间之后，并没有发展多少客户。

公司采用的是佣金制，即完成多少工作量，支付相应数目的薪金。由于没有多少业绩，发薪的日子，看到别人兴高采烈，苏晶晶却只能独坐一隅，任凭伤心的泪水恣意滑落。

分析失败的原因，苏晶晶找到了自己的致命弱点：业务不熟，计划不详。于是，她积极地学习，用心总结和研究客户的心理，重新制定出自己的工作计划。

三个月后，苏晶晶的签单数量不断上升，佣金日渐增长，业务主管那张铁青的脸，也逐渐变得笑容灿烂。

作为员工，勤奋好学是老板最喜欢的。想要迅速获得老板的赏识，最好的方式是尽可能提高工作效率。尤其当你面对堆积如山的工作时，先不要慌慌张张，而是要思考如何高效率地分配时间。只要事先分配好时间，并安排事情的先后顺序，就能轻而易举地一一处理。

凡事都有轻重缓急，重要性最高的事情不应该与重要性最低的事情混为一谈，应该优先处理。大多数重大目标无法达成的主因，就是因为把大量时间都花在了次要的事情上。所以，你必须学会根据自己的核心价值，排定日常工作的优先顺序。建立起优先顺序，然后坚守这个原则，并把这些事项安排到自己的例行工作中。

职场必读

　　用80％的时间做能带来最高回报的事情，用20％的时间做其他事情。对最具价值的工作投入充分的时间，否则你永远都不会感到安心，你会一直觉得陷于一场无止境的赛跑里，却永远也赢不了。"分清轻重缓急，设计优先顺序"是管理时间的精髓。

用适当的方法提高效率

　　在许多公司，办公室常常存在效率低下的现象：传真机无法正常工作；文件杂乱无章或是丢失；办公室里人来人往使人根本无法高效工作——这并不奇怪。而令人惊讶的是，许多公司只是被动地适应这些毛病而不是对它们加以改进。

　　在我们开展工作前，首先应考虑的是如何用最简单、最省力的方法去获得最佳的成效。对一个人来说，要的是事半功倍，而非事倍功半。

　　在工作中，每个人都要认识到做出合理计划的重要性。工作有目标和计划，做起事来才能有条理，你的时间就会变得很充足，不会扰乱自己的神志，办事效率也极高。如果没有计划，你始终不会成为一个工作有效率的人。工作效率的中心问题是：你对工作计划得如何，而不是你工作干得如何努力。

　　正确地处理工作忙乱的问题，需要做事有计划、有目标。把所要做的事情排出一个顺序，有助你实现目标的放在前面，依次为之，并把它记在一张纸上，就成了顺序表。养成这样一个良好习惯，会使你每做完一件事，就向你的目标靠近一步。

无论你做的事是多是少，都要拟定一个程序表，尽力按着程序表去做。如果你的工作只需一小时做完，便在一小时之内完成它。本来只要一小时的事，而拖延到一天才做完，实在是愚蠢。如果你的事太多，而时间不够，则选择最重要的做好，把不重要的删去。

工作过度而吃力的真正原因并不是工作太多，而是因为没有计划。没有计划，你很可能被一些不在计划之内的事缠身，该做的事就做不完。如果你每天有计划，那么你在每分钟内，都知道该做什么事。

在制定日计划的时候，必须考虑计划的弹性。不能将计划制定在能力所能达到的100%，而应该制定在能力所能达到的80%。这是工作性质决定的。每天都会遇到一些意想不到的情况，以及上司交办的临时任务。如果你每天的计划都是100%，那么，在你完成临时任务时，就必然会挤占你已制定好的工作计划，原计划就不得不拖延了。久而久之，你的计划就失去了严谨性。

工作中的每一项都很重要，但也需要将工作分类。分类的原则主要包括轻重缓急的原则、相关性原则、工作属地相同原则。

轻重缓急包括时间与任务两方面的内容。很多时候员工会忽略时间的要求，只看重任务的重要性，这样理解是片面的。

员工在接收工作任务的同时，都被要求在规定的时间内完成。时刻将时间与质量两个要求贯穿在完成任务的过程当中，并尽可能提前。将任务完成的时间定在提交任务成果的最后一刻是很不明智的，这与上面提到的计划的弹性是一个道理。

事情不总是按个人主观设定发展。一旦应当提交的任务与临时的事项冲突时，就陷入了两者不能兼得的被动状态。一个能每次按期完成工作任务的员工，即使不天天加班加点，即使不显得终日忙忙碌碌，也会让主管觉得这是一个让人放心的人，而不会天天追问工作的进度如何了。

相关性主要指不要将某一件任务孤立地看待。工作有连续性，任务可能是过去某项工作的延续，或者是未来某项工作的基础，还会涉及多个部门或岗位。任务开始以前，先向后看一看，再往前想一想，以避免前后矛盾造成的返工，或是某些环节影响整体工作进度。

工作有很多中间环节，彼此间需要协调。有的员工在做某项工作时往往只偏重于自己本身所应完成的职责，将工作传递到相关工作部门与工作岗位之后便听之任之了。

在检查工作结果的时候，又抱怨给予他的时间太短了，或者是某个中间环节耽误的时间太久了等。而工作结果只有一个，那就是没有按期按质完成工作，业绩等级被打了折扣。

作为一名员工，要把握工作的完整性。在工作中，要考虑相互协调配合的问题，在自己这个工作环节，尽可能地抓紧时间，及早将完成的工作交到下一道工序的工作人员，使他们能够有充足的时间去完成后面的工作，以免其中的某个或是某些环节影响整体工作进度。

工作属地相同原则指将工作地点相同的业务尽量归并到一块完成，这样可以减少因为工作地点变化造成的时间浪费。这一点对现场工作员工尤为重要。如果这一点处理得好，就既节约了时间，又少走了路程，还提高了工作效率。

每次办事的时候总是马马虎虎，好像需要的每一样东西都故意和自己作对，需要它们的时候总是找不到，其实这些都源于办事杂乱无章。即便你总能在满头大汗之后完成工作，但由于不能有条理性地工作，充分地利用资源，也会给上司留下一个毛糙的印象，以至于不敢委以重任。

许多高效率的员工桌面都有一个非常突出的特点——没有杂物，非常整齐。混乱会造成不该有的干扰，降低工作效率。环视你的办公室，看看哪里是造成混乱的根源。它可能是一条乱拉的电话线，也可能是一个放在过道上的盒子，或是办公桌上一台已经损坏了的设备。将用不着的东西移出视野之外，将不再使用的东西扔掉。

有些员工总是喜欢把事情往后放，搁着今天的事不做留待明天。很多事情因为做得不够及时而被耽误，效率也就难以得到保障。

习惯中最为有害的，莫过于拖延。世间有许多人都是被这种习惯所累，造成挫败的悲剧。你应该竭力避免拖延的习惯，就像避免一种罪恶的引诱一样。

人们最大的理想、最高的意境、最宏伟的憧憬，往往是在某一瞬间突然从头脑中很有力地跃出来的。凡是应该做的事，而不立刻去做，而想留待将来再做，有这种不良习惯的人总是弱者。凡是有力量、有雄心的人，总是能够在对一件事情充满兴趣、充满热忱的时候，立刻迎头去做。

我们每天都有每天的事。今天的事是新鲜的，与昨天的事不同，而明天也自有明天的事。所以，今天之事应该就在今天做完，千万不要拖延到明天。

职场必读

公司最需要的不只是一个具有专业知识的、埋头苦干的人，而更是积极主动、充满热情、灵活自信的人。一个合格的员工不只是被动地等待别人告诉应该做什么，而是应该主动去了解自己要做什么，并且认真地规划它们，然后全力以赴地去完成，用自己的积极性、主动性、创造性推动公司的发展。

高效工作需要充分准备

正所谓："磨刀不误砍柴工。"准备是一切工作的前提。只有充分准备，才能保证工作顺利完成，才能做起来更容易。一个缺乏准备的人一定是一个差错不断的人，纵然有超强的能力、千载难逢的机会，也不能保证获得成功，更谈不上高效地完成工作。

在实际工作中，很多人却忘记了准备的重要性，付出了辛苦和热情，结果却不尽如人意。

有一位勤劳的伐木工人，被指令砍伐100棵树。接受任务以后，他毫不拖延地投入工作当中，每天工作10个小时。可是渐渐地，他发觉自己砍伐的数量在一天天减少。他开始想，一定是自己工作的时间还不够长。于是，除了睡觉和吃饭以外，其余的时间他都用来伐树，一天工作12个小时。但是，他每天砍伐的数量反而有减无增，他陷入深深的困惑之中。

一天，他把这个困惑告诉了主管。主管看了看他，再看了看他手中的斧头，若有所悟地说："你是否每天用这把斧头伐树呢？"

工人认真地说："当然了，没有它我什么也干不了。"

主管接着问："那你有没有磨利这把斧头呢？"

工人回答："我每天勤奋工作，伐树的时间都不够用，哪有时间去干别的。"

听到这里，主管说："这就是你伐树数量每天递减的原因。虽然工作热情很高，但你连工作必需的工具都没有准备好，又怎么能提高工作效率呢？"

有很多人就像这个伐木工人那样，总是忘了采取必要的准备，你又怎么能指望他们高效高质地完成任务呢？在信息时代的今天，不磨刀就等于没有刀。

虽然生活在一个富足的家庭，哈伯德仍然想创立自己的事业。他很早就开始了有意识的准备。他明白，像他这样的年轻人，最缺乏的是专业的知识和必备的经验。因此，他有选择地学习一些相关的专业知识，充分利用时间，甚至外出工作时，他也总会带上一本书。他一直保持着这个习惯并受益匪浅。后来，他有机会进入哈佛大学，开始系统地学习理论课程。

对欧洲市场做了一番详细的考察后，哈伯德开始积极筹备自己的出版社。他请教了专业的咨询公司，调查了出版市场，尤其是在从事出版行业的普兰特先生那里得到了许多积极的建议。于是，一家新的出版社——罗依科罗斯特出版社诞生了。

由于事先的准备工作做得充分，出版社经营得十分出色。他不断将自己的体验和见闻整理成书出版，名誉与金钱相继滚滚而来。

哈伯德并没有就此满足，他敏锐地观察到：他所在的纽约州东奥罗拉已经渐渐成为人们度假旅游的最佳选择之一，但这里的旅馆业却非常不发达。这是一个很好的商机，阿尔伯特没有放弃这个机会。他亲自在市中心周围做了两个月的调查，了解市场行情，考察周围的环境和交通。他甚至亲自入住一家当地经营得非常出色的旅馆，去研究其经营的独到之处。后来，他成功地从别人手中接手了一家旅馆，并对其进行了彻底地改造和装潢。

在装修旅馆时，他在游客中做了一些调查。他了解了游客们的喜好、收入水平、消费观念，更注意到这些游客正是由于厌倦繁忙工作，才在假期来这里放松的，他们需要更简单的生活。因此，他让工人制作了一种简单的直线型家具。这个创意一经推出，很快受到人们的关注，游客们非常喜欢这种家具。他再一次抓住了这个机遇，一个家具制造厂便由此诞生了，家具公司的生意蒸蒸日上。

哈伯德的成功就是建立在充分准备的基础上的，因此，他才能够在面临机遇时果断出击，正是强烈的准备意识成就了他事业的辉煌。

如果我们要提高办事效率，成为一名高效能人士，也应当像哈伯德那样，在行动之前做好充分的工作准备。只有准备充分，才能使公司的命令得到切实、全面的执行；只有准备充分，才能使每一个行动变得有价值；只有准备充分，才能使公司的每一名员工成为高效能的执行者。

在很多公司中，总是有50%的指令被变通执行或打了折扣执行；30%的指令有始无终，最后不了了之；15%的指令根本没有执行，也就是说，实际上只有5%的指令真正发挥了作用。

其实，问题就是出在了准备上。现在，让我们看一看三个员工对待同一个指令的三种不同结果。

某家大型企业集团的采购部经理脾气暴躁，傲气凌人，许多想向他推销产品的业务员都碰了钉子。有一次，他到某个城市出差，一个办公设备生产企业的销售主管知道后，决定派员工甲去拜访他，把企业的产品推销出去。

由于这位经理只在这个城市停留一周，所以销售主管希望能在他回去之前草签一个合作意向。

甲接受了任务，心想：这个经理不好打交道是出了名的，许多公司的人都被他整得下不了台，给的时间又这么短，我肯定完不成任务，不如想个办法躲过去吧。于是，他第二天并没有去宾馆拜访这位经理，而是在家里舒舒服服地休息了一天。第三天一早，他回到公司，对主管说："咱们得到的消息太晚了，他已经和别的公司签订了合同，这个客户只能放弃了。"

主管听说后感到非常失望，但又不甘心丢掉这个大客户，于是决定再派员工乙去试试。乙接受了任务以后，什么也没有说，把要推销产品的简介往包里一塞，在10分钟之后就赶到了采购经理所住的宾馆，他直接来到了经理的房间，敲开门后马上开始介绍自己的产品。谁知采购经理有睡午觉的习惯，被乙吵醒后已经非常愤怒，哪里有心情听他说些什么，一通臭骂将乙轰了出去。乙并没有泄气。他在宾馆的大堂里坐下，想等经理下来吃晚饭的时候再向他展开攻势。而经理因为被人打搅了午睡，整个下午都昏昏沉沉的，到了晚上根本没有胃口吃饭，早早就休息了。

第二天的早上，当乙带着失败的消息回到公司后，销售主管已经不抱什么希望了。正当准备放弃的时候，销售主管突然看到了刚进公司没几天的丙，心想：反正已经没希望了，不如让丙去碰碰运气，就当是锻炼新人吧。于是，丙又接受了这个任务，而这时距采购经理离开的时间只剩下三天。丙并没有急于去宾馆，而是通过各种渠道详细了解采购经理的奋斗历程，弄清了他毕业的学校，处事风格，关心的问题以及剩下这几天的日程安排，最后还精心设计了几句简单却有分量的开场白。

这些准备工作用了丙一天的时间，到了第二天一早，丙还没有去宾馆，而是回公司整理了一个小时的资料，把公司产品和竞争对手的产品进行了详细的比较，并将能突出自己产品优势的地方全都列了出来，然后把那位采购经理对产品最关注的耐用性、售后服务等关键点进行了非常具有诱惑力的强化。

丙已经查明，采购经理今天上午有一个简短的约会，要到十点半才回去，所以做这些准备工作在时间上来说是绰绰有余。十点一刻，丙到了宾馆，在通向经理房间必经的电梯旁等候。十点半，采购经理回到了宾馆后直接上了电梯，丙也马上跟了进去，从经理最感兴趣的话题开始，很快就得到了去经理房间喝咖啡的邀请。后来的事就很简单了，采购经理一次就定购了这家公司一个季度的产品量，并且签订了正式合同，甚至在他临走的那一天，这笔业务的预付款就已经到账了。

面对其他同事都解决不了的难题，丙没有畏难情绪，将困难一推了之；也没有仓促行动，而是有条不紊地从准备工作开始，一项项地落实到位，从拜访的时间、开场白、对方的办事风格，一直到产品优劣势的分析、调研……任何一处都体现了一个高效能员工的职业素养。

不管你是否承认，现在的社会已经成为一个处处存在着竞争的社会。在这个大环境下，有准备的企业才能走在前面，有准备的人才能脱颖而出。

职场必读

> 准备是执行力的前提，是工作效率的基础。准备的程度决定前进的距离，走在最前面的，总是那些有准备的人。每一个公司需要的是那种充满主动精神的人，而不是那些被人推着走的人。

竞争意识提升效率

"物竞天择，适者生存"的生物进化论，在职场中同样适用。要想在职场中更好地生存和发展，就要优于自己的竞争对手。

现代社会，竞争无处不在，大到各个国家，小到个人之间，都存在着大大小小的竞争。而整个社会也因为竞争而充满生机与活力，并在竞争的推动下不断发展与进步。

在市场经济中，有竞争就必然会伴随各种风险，公司在市场竞争中会有破产、倒闭的风险；员工在市场经济的竞争中会有失业的风险。从这种角度来讲，具备一定的竞争意识和风险意识，就成为个人和公司在市场经济中赖以立足和发展的必要条件，也是市场经济得以顺利运行的基本前提。

一个人或者一个公司如果缺乏竞争意识，就会在市场经济的大潮中遭遇被淘汰的命运，走上失败之路。因此，在这个充满竞争的时代，无论公司还是个人，生存的最有力的武器就是竞争。只有时刻不忘竞争，才能专注于工作，提高效率，才能脱颖而出，成为令人羡慕的佼佼者。

拉佩尔是美国著名的企业家。他属下一个子公司的职工总是完不成定额，该公司经理用尽了一切办法——劝说、训斥，甚至以解雇相威胁，但都无济于事，工人们还是完不成定额。最后，拉佩尔决定亲自到该公司处理这件事。

拉佩尔在公司经理的陪同下四处巡视。这时，正好是白班工人要下班、夜班工人要接班的时候。拉佩尔问一位工人："你们今天炼了几炉钢？"

"5炉。"工人回答说。

拉佩尔听完工人的回答后，一句话也没说，拿起笔在公司的布告栏上写了一个"5"字，然后就离开了。

等到夜班工人上班时，看到布告栏上的"5"字，感到很奇怪，不知道是什么意思，就去问门卫。门卫将拉佩尔来公司视察并写下"5"字的经过详细地讲述了一遍。

次日早晨，布告栏上的"5"变成了"6"。白班人看到后，心里很不服气：夜班工人并不比我们强，明明知道我们炼了5炉钢，还故意比我们多炼一炉，这不是明摆着给我们难看，让我们下不了台吗？于是，大家劲儿往一处使，到晚上交班时，白班工人在公布栏上写下了"8"字。

智慧过人的拉佩尔用他无言的方式，激起了公司员工之间的竞争，最高的日产量竟然达到了16炉，是过去日产量的3.2倍。结果，这个落后子公司的产品产量很快就超过了其他的子公司。

这个故事充分说明了竞争意识对于提高工作效率的重要性。作为一名员工，要想提高效率，在工作中大有作为，首先就要增强竞争意识，在脑海里扎下竞争求胜的根，敢于竞争、善于竞争。

真正的成功是一个过程，是将勤奋和努力融入每天的生活过程中。很多时候，你不需要比别人多做许多，只需一点点，就可以从众人中脱颖而出。

一个成功的推销员曾用一句话总结他的经验："你要想比别人优秀，就必须坚持每天比别人多拜访五个客户。"

投资专家约翰·坦普尔顿通过大量的观察研究，得出"多做一点点"定律。他指出，取得突出成就的人与取得中等成就的人几乎做了同样多的工作，他们所做出的努力差别很小——只是"多做一点点"，但其结果，所取得的成就及成就的实质内容，却有天壤之别。

约翰·坦普尔顿把这一定律也运用于他在耶鲁的经历。他决心使自己的作业不是95％而是99％的正确。结果呢？他在大学三年级就进入美国大学生联谊会，被选为耶鲁分会的主席，并得到罗兹奖学金。

在商业领域，坦普尔顿把"多做一点点"定律进一步引申。他逐渐认识到，只多那么一点儿就会得到更好的结果。那些更加努力的人就会得到更好的成绩。

"多做一点点"定律可以运用到所有的领域。实际上，它是使你走向成功的普遍规律。

"多做一点点"其实并不难，我们已经付出了99％的努力，已经完成了绝大部分的工作，再多做一点点又有什么困难呢？尽职尽责完成自己工作的人，最多只能算是称职的员工。如果能在自己的工作中再"多做一点点"，你就可能成为优秀的员工，就能在公司中发挥出自己更大的能量。因此，我们应该为自己确立这样的工作标准：工作要比他人期待的多一点点。做到这一点点，我们就一定能把工作做好，也会得到意想不到的收获。

"多做一点点"其实是一个简单的秘密。大到对工作的态度，小到你正在做的事，甚至只是接听一个电话、整理一份报表，只要能"多做一点点"，坚持"多做一点点"，就会把它们做得更完美，就会获得最理想的回报。

"比别人多做一点点"，这就是事业成功者业绩卓越的秘诀。"比别人多做一点点"是一种极其珍贵的工作素养，它能使人变得更加敏捷、更加积极。无论你从事什么工作，"每天多做一点点"的工作态度都能使你从众多竞争者中脱颖而出。

职场必读

"多做一点点"在所有的工作中都会产生良好的效果。如果你多做一点点，你的士气就会高涨，而你与同伴的合作就会取得非凡的成绩。要取得突出成就，你必须比那些取得中等成就的人多努一把力。学会"多做一点点"，你会得到意想不到的收获。

创新，用创造性思维工作

现代社会高速发展，习惯于按照传统思维进行工作的人终将被淘汰。如果想摆脱被淘汰的命运，那么你就要改变自己的思维习惯。如果想成为公司最需要的人，那么你首先要具有创新精神。

模仿是创新的基础

职场新人往往有标新立异的欲望，想让自己与他人区别开来，以体现自己的能力和价值。但是，工作讲究的是实际效果和低成本，如果用一般的方法能实现同样的效果，为什么还要花时间和精力去想一个有"创造力"的方法呢？而且，一般来说，要实现真正有实用价值的创新并不是那么容易办到的，这需要从模仿做起。

在谈到成功的秘诀时，一个企业家曾经如是说："不知出于什么原因，我们经常听到人们提倡创新有多么好，却从来没有人提起模仿其实也是一样的重要。事实上，我们日常生活中95％以上，都是模仿别人得来的！没有模仿，根本不可能有所创新；不懂得模仿，也肯定不懂得创新！创新几乎无一例外地要在原有的基础上创新。不去模仿，创新就没有根基；不首先模仿，创新一定是盲目的。"

初次步入社会，创新很重要，模仿也同样很重要。很多实际工作并不需要你有多大的创新能力，只需要你仿照固定的程序和模式，一步一步踏实认真地做下来，就能收到很好的效果。刚开始职业生涯的人，如果能学会模仿，将会加速自己的成长过程。

没有人会否认创新的重要性，这是不言而喻的。问题是，在我们还很弱小的时候，为什么非要沉迷于创新呢？我们有什么能力去创新呢？在模仿之下，创新才有意义。

当然，成功者走过的路，通常都不适合其他人跟着重新再走。在每个成功者的背后，都有自己独特的，不为别人仿效和重复的经历。但是，你所要走的路当中，总有那么一段，同他们曾经走过的路有相似的地方。有时候，大家所走的其实就是同一条路，即使有所区别，也不过是大同小异。由于看不见或者没有注意别人已经走过了，你以为自己走的是一条新路，沉溺于自我摸索，不屑于观察和模仿别人。

走一条从来没有人走过的路，总是比走别人已经走过的旧路要慢。因为走新的路，通常要遇到更多的障碍，要面对更大的风险。看清楚眼前要走的路，特别是留意别人怎样走同样的路，一定有让你受益的地方，它让你避免重复别人已经走过的弯路。

不要在乎自己是否跟着别人走他们已经走过的旧路，成功往往不是因为你发现了一条新路，而是因为你走在别人的前面。开始的时候，模仿是最值得做的事情，成功起步的可能性也大得多。

要比别人走得快，甚至赶在前头，你必须有一些属于自己的东西，或者有新的发现，否则，你永远只能跟在后面。模仿和创新，两者其实并不矛盾。创新总是在模仿的基础上，而模仿通常也一定包含着创新，偏执任何一方面，都不会令你持久地获得成功。

事实上，我们每天都在创新，因为我们在不断改变对世界的看法。我们所开发出来的东西对世界来说可能不一定是全新的、划时代的，但对于我们自身来说却是独一无二的，这就足够了。当我们改变自身时，世界就以两种方式随着我们改变：一是以我们的行为影响世界，二是我们经历了一个变化的世界。

通用公司前总裁韦尔奇经常鼓励他的经理们去仔细搜索好点子并为己所用。他说："借鉴的就是最好的。"

有些人可能会觉得奇怪，为什么作为美国著名企业的通用电气仍然需要寻找好的点子？通用公司应该引导其他企业，让其他企业借鉴才对啊。"绝对不是这样的，"韦尔奇说，"每个组织都要学习，通用电气也不例外。"

英特尔公司非常注重挖掘员工的学习能力。英特尔的一线经理人经常以有形的鼓励来肯定员工的贡献。这种开放性的环境，让每一位员工都能快速学习别人的经验以迅速地解决自己的问题。在英特尔，每年有一个专门的"创新日"。在这一天，员工都提出自己的新想法，并给予冠军方案10万美元的奖金，同时也给提案人一年的时间全力投入，着手他的提案。

对于有创新能力又善于学习的员工，不论他是否已经为晋升做好了准备，英特尔往往会直接授予他更高的位置，让他接受更高的挑战。正如英特尔的高层领导人所说："重点在于一个人学习的速度，而非他以往的经验。"善于学习、学习速度快的人，更具有创新的能力，而一旦授予他更高的职位，给予更大的挑战，他便会以更快的速度学习，具备更强的创新能力。

任何一个人，无论是在工作中还是在学习中，如果想获得出人意料的创新；就必须拥有扎实的基础和源源不断的努力。一个没有基础、没有努力的人，创新也只能成为镜中月、水中花。

勤奋是一种积极向上的人生态度，也是每一个人成才的必经之路。尤其是在步入职场之后，如果想成就一番事业，造就自己辉煌的人生，就一定要具备勤奋的工作态度。不论事先抱有多大的希望和抱负，如果没有勤奋，即便是再美好的愿望也会落空。

在职场中，我们都会面临各种各样的困难，如果没有勤奋的态度，我们的灵感就无从谈起，创新也就成为空谈。一般来说，凡事持有三分钟热度的员工，是很难得到灵感，实现创新的，这样的员工不但难以实现自己心中的理想，就连最基本的工作也无法完美地完成。

一个著名洗衣粉的制造商委托公司做广告宣传。由于这个项目非常重要，领导将这个任务交给小何和其他的两个同事一同负责。明明是一个非常简单的洗衣粉广告，然而小何和他的两个同事经过两天的奋战，依旧没有拿出令制造商满意的广告方案。

工作一时陷入僵局之中，小何的两个同事看到制造商如此不满意，自己又确实拿不出更好的创意方案，下班之后就早早地离开了，好像创意方案和他们无关。

担子一下落到了小何的肩上，但是小何并没有因此而退缩，他一连好几天都在办公室中辛苦地工作，甚至周末都没有休息。

一天，小何又像往常一样在思考洗衣粉的广告方案。他把洗衣粉拆开，倒出一部分洗衣粉，并把它们放到平铺的报纸上。小何时而用手揉搓着洗衣粉，时而用鼻子嗅嗅洗衣粉的味道，试图从中找出灵感。

不知不觉中，时间已经到了中午时分，其他同事都早已经去食堂吃饭了，小何仍然没有一点饿意，还在苦苦思索着广告的事情。这时，阳光非常强烈。尽管窗帘已经遮住了大部分的阳光，但是仍有一部分照了进来。当阳光洒在洗衣粉上的时候，粉末间布满了一些微小的蓝色晶体。

小何仔细审视了一番之后，潜意识告诉他这些蓝色的晶体非常重要。于是，小何特意跑到制造商那边，询问蓝色晶体是什么。经理告诉他："蓝色晶体就是活力去污因子。正是因为这个原因，我们的产品才具有超强去污、洁白的效果。"

回到公司后，小何的灵感终于来了，他从"活力去污因子"出发，推出了最佳的创意。广告很快就制作完成了，播出之后，效果非常好，这款洗衣粉的销售量连续上升。而小何也受到两个公司经理的认可。此后，小何在公司更加得到领导的青睐，一年之后，小何被领导任命为创意部总监。

如果小何像其他两位同事一样，遇到困难就退缩，恐怕不会产生任何灵感，也不会拥有最好的创意广告，从而也无法得到老板的重用。我们每一个职场人士在工作中都会遇到各种各样的困难，如果在问题面前不是积极的想办法，反而是逃避问题、埋怨公司，只能使其一步步变成没有能力的人，最终在竞争中被淘汰。任何问题面前，只要付出辛勤的劳动，用积极的心态去面对，就一定能够找到最佳的创意。

创新不是一蹴而就的，它是一个从量变到质变的一个缓慢的过程，只有积累到一定程度，灵感方能闪现在头脑中。因此，每一个职场人士，在工作的时候，不仅要用开放的心灵去拥抱新的理念，更要勤奋好学，坚持不懈地努力。

职场必读

模仿和创新，两者其实不矛盾。创新总是在模仿的基础上，而模仿通常也一定包含着创新，偏执任何一方面，都不会令你持久地获得成功。

突破常规的局限

有一个木匠做活儿很认真，他造的门不仅结实而且还非常美观，很多人家都请他造门。

一次，木匠看到自己家的门早已没有面目，自叹道："亏了我给别人造了这么多的门，没想到自己家的门却如此不堪，我要为自己造一个全城最好的门。"于是，费了好多时日，木匠给自家造了一个非常漂亮的朱红大门。他想，这门用料最好、做工精良，一定会经久耐用。

后来，门上的钉子锈了，掉下一块板，木匠找出一个钉子补上，门又完好如初。一块板朽了，木匠就又换了一个门板；门轴坏了，木匠又换了个门轴……于是，若干年后，这个门虽经无数次破损，但经过木匠的精心修理，仍坚固耐用。木匠对此甚是自豪，多亏有了这门手艺，不然门坏了还不知如何是好。

忽然有一天，邻居对他说："你呀，做事太保守了。身为一个木匠，你得时时刻刻地去反思自己。你看看你们家这门，为什么现在没以前那么多人请你造门？或许你应该明白了吧。"

木匠仔细一看，才发觉邻居家的门一个个样式新颖、质地优良，而自己家的门却又老又破，长满了补丁。于是，木匠很是遗憾，但又禁不住笑了，"是自己的这门手艺阻碍了思维的发展。"

做事不能一成不变地钻牛角尖，要勤于思考，时刻做到自我反思。在工作中碰到一件很普通的事情时，我们最好拿出十分钟的时间去反思，千万不可盲目地继续或追求，否则，本来很容易的事情，也会被你搞得很复杂。

在职场上，从来没有平庸的员工，只有平庸的思想，有时只需稍微反思十分钟，转变一下视角，平凡的员工也就可以获得一个非常好的创意。平凡和优秀之间并非相隔遥远，有时也许只有半步之遥。

人们不能发挥创造力的原因多种多样，有的是因为心中存在某种局限性观念，有的是存在某种障碍，也有的是因为没有处理好与创新的各种关系。你要提高和发挥自己的创造力和创新思维，必须做到突破思维障碍，敢于打破一切常规。

故步自封的人总是害怕打破现状、打破常规、打破曾经取得过成功的经验和做法；总以为现状才是最安全保险的，破坏现成的格局可能会带来一些意想不到的，也许是无法应付的棘手问题；总以为成功的经验和做法是经受过实践检验的，可借用、遵循仿照的价值较大，自己另起炉灶，容易砸锅。这样一来，生机和活力不存在了，走向失败的速度也就更快了。

尽管前人留给我们很多的经验和知识，让我们少走了许多弯路。然而，如果我们只是一味遵照他们的传统思路走下去的话，恐怕这个世界将会停滞不前了。不被已成的学说压倒，对旧观念产生怀疑，跳出思维方式的框框，开阔视野、创新思路，对我们掌握事物的本质将大有好处。

如果总是用思维定式来看待事物的话，那么我们也就不会有什么进步。因此，我们必须打破常规，学会变通。看事物不能以一种眼光，要多角度、多方面地去观察，从常规中求新意。对一个问题，我们可以通过组合、分解、求同、求异等方法，让思路发展拓宽，要么加一点，要么减一点，要么借一点，要么拿一点，寻求多种多样的方法和结论，从而创造出一种更新更好的事物或产品。

创新是人类社会进步的客观要求，而要摆脱和突破常规思考法的束缚，常常需要付出极大的努力。我们必须摆脱惯有的思维定式，变换一下我们做事的方法，从而达到意想不到的效果。有些问题动用传统的常规方法理解确实很困难，但如果放开思路，打破常规，灵机一动，问题便顷刻迎刃而解。

一位教授学生出了一道思考题：一个聋哑人到五金店去买钉子，然后他将左手做持钉状，用两根手指模仿放在了柜台上，然后用右手做锤打状。看完了聋哑人的手势，售货员给了他一把锤子。聋哑人摇摇头，指了指手指，售货员就把钉子拿给他了。这时，又来了一位盲人，那么，同学们想一下，盲人怎么才能用最简单的方法买到一把剪子呢？

学生们经过激烈的讨论之后，一位同学站了起来："很简单，只要他伸出两个手指头模仿剪布就可以了。"这一回答得到很多同学的赞同。

过了一会儿，教授继续说道："其实盲人只需要用口说一声就可以了。"

在生活中，我们经常会被已有的固定思维束缚。在工作中也是如此，我们经常会遇到很多为难的事情，但是在解决的时候，一般人往往会被常规思维束缚住，不自觉地按照以前的经验去做，这样一来就很难取得更大的突破；而那些优秀的员工则恰恰相反，他们敢于摆脱以往经验的束缚，敢用一种新的思维去解决、思考问题，从而找到最佳的解决方法。

很多员工不愿意开动脑筋，寻找新的解决方法。这主要是由于人们已经习惯于常规的思考方法。如果遇到同类的问题时，采用常规的思考方法，可以省去很多摸索和试探的步骤，可以少走弯路，从而能够缩短思考时间，节省精力，还可以提高成功率。殊不知，当人们的思维固定在同一个模式当中，就无法发挥入的主观能动性，就永远没有创新。

一家建筑公司在为一栋新开发的楼盘安装电线，一切都进行得十分顺利，然而有一个地方却让建筑公司技术熟练的员工皱起了眉头。那就是他们要将电线穿过一条20米长，但直径却只有10厘米的管道中，而且管道早已经被砌在了砖石里，并且还拐了五个弯儿。

这是他们从来没有遇到过的情况，都感到束手无策。后来，一位爱动脑筋的装修工想出了一个好办法：他从市场上买来了两只白鼠，一公一母，然后，他将一根电线绑在公鼠身上，并把它放在管子的一端。然后再把母鼠放到管子的另一端，并轻轻地捏它，让其发出吱吱的叫声。公鼠听到母鼠的叫声之后，便沿着管子跑去找它。在公鼠跑的同时，那根电线也被拖到了管子的另一头。

就这样，很快就将电线接好了。为此，那个爱动脑筋的装修工得到老板和同事的称赞和嘉奖。

在工作时，试着去跳出传统经验的束缚，尽量跳出固定思维的模式，极力去寻找常规之外的东西。遇到难题的时候，不要将以前的方法拿来照用，想一想还有没有别的办法。只要能够摆脱经验的束缚，具备了创新意识和能力，就一定能够掌握成功的钥匙。

只有打破常规，冲破以往经验的束缚，才能够找到合理的解决问题的方法。在今天的职场中，敢于打破常规、寻找新方法的员工已经成为公司最需要的人。只有敢于打破常规的员工，才能取得更大的成绩，实现自己的事业梦想。

　　随时反思自己，从不受经验的诱惑，做到具体问题具体分析，并从日常的工作中发现创新的机会，让理想与现实之间架起一座成功的桥梁，这样的员工才是公司最需要的人。

做一个创新型员工

　　某公司要招聘一名高级女职员，来参加应聘的人非常多。经过重重筛选，孙华、吴欢和宋燕三位女士脱颖而出，成为进入最后阶段的候选人。

　　这三个人都是名牌大学的高才生，条件不相上下。然而，公司必须在三个人当中选一个。于是，这三个人为了能够打败竞争对手，都在尽自己最大的努力做准备。

　　最后一次面试那天，三个人准时到了公司的人事部。人事部部长拿出三套事先准备好的白色制服和精致的黑色公文包，说："三位女士，请你们换上公司的制服，拿着公文包到总经理办公室参加面试。这是你们的最后一次考试，考试的结果决定你们究竟是去还是留。"

　　三个人每人拿了一套制服到更衣室将衣服换上，又回到了人事部。人事部长看见他们都换完衣服了，接着说："我还有一件事要提醒你们，总经理是一个非常注重仪表的人，而你们所穿的制服都有一个小黑点。毫无疑问，这个小黑点就是你们的考题。你们自己想办法，10分钟之后着装整洁地出现在总经理办公室。现在，你们可以准备了。"

　　看着制服上的小黑点，孙华用手指反复地去揩拭，结果污点越弄越大，白色制服被弄得惨不忍睹了。她特别紧张，然后抱着最后一点儿希望找到了人事部部长："您能不能再给我换一套制服啊？""不能，绝对不可以，而且我认为你已经没有必要去总经理办公室面试了。"人事部部长略带歉意地说。孙华最终遗憾地离开了公司。

吴欢快速地来到洗手间，希望可以用清水将那个小黑点洗掉。很快，小黑点没有了，但同时也带来了新的麻烦，制服上湿了好大一片。吴欢本想用烘干机将其烘干，孰料时间已经等不及了。吴欢顾不得将衣服烘干，就匆匆忙忙地跑到了总经理办公室。

在总经理办公室门前，吴欢特意看了一眼自己的制服，虽然还没有完全干，但似乎也不是特别明显。正要敲门进去的时候，吴欢看到宋燕过来了，而宋燕制服上那个小黑点依旧还在。

当她们二人带着公文包走进总经理办公室后，经理上下打量了她们一会儿，然后对吴欢说："吴欢，你制服上有块地方被水浸湿了，是清洗那块污渍所导致的吧？"吴欢点了点头。

接着，总经理宣布："在今天的考试中，宋燕获得了胜利，将成为我们公司中的一员。"

吴欢非常迷惑地问："总经理先生，这样是不是不大公平啊？人事部部长说您是一位见不得污点的先生，但是宋燕制服上的污点仍然存在啊。"

"事实确定是这样，但是问题的关键是宋燕并没有让我发现她制服上的污点，她巧妙地利用了我们给你们配置的道具——黑色公文包，从她走进我的办公室，就将黑色的公文包优雅地放在了胸前，从而遮挡住了那个黑色的污点。"总经理解释道。

"可是，我既清除了黑色的污点，还准时达到了你的办公室啊。我觉得，我也没有失败，而宋燕只不过是用了一点小聪明，用黑色的公文包巧妙地遮住了污点而已。"吴欢争辩道。

总经理打断了吴欢的话："虽然你把问题解决了，但是你没有充分利用我们给你提供的资源，并且在处理事情上，你非常慌张，根本没有时间将衣服烘干，而且你还把我们提供给你的工具给忘在了洗手间。但是宋燕却正好相反，她利用手中的条件，将问题从容而漂亮地解决了。因此，我们决定留下宋燕。"

在现代企业招聘中，老板越来越重视那些有头脑的员工。在考核的时候，他们不仅仅要考察你相关专业的能力，更多的是看你的思维方式如何，是不是一个带着大脑去工作的创新型员工。

是否具有思考能力、是否带着大脑去工作已经成为优秀员工和平凡员工的分水岭。平凡的员工在工作中都有一种惰性，喜欢按照固定的模式生活、工作，他们一切都按部就班、因循守旧，即便付出了最大的努力，却难以得到相应的回报；优秀的员工，他们能够带着思想去工作，在工作中积极开动脑筋，尽量找到解决问题的最佳方法，往往能够战胜那些因循守旧的员工，从而在职场中脱颖而出。

在这个日新月异的时代中，要想使自己从平凡走向卓越，你应该拥有更多创新意识，并且将这种创新意识运用到实际工作中，来积极寻求工作上的不断突破，事业上的不断成功。

有些人因循守旧，缺乏创新精神，他们只是抱着坚守本职工作的态度，认为创新是老板的事，与己无关，自己只要把分内的事做好就行。殊不知，在如今这个竞争异常激烈的职场中，你所拥有的，别人同样也拥有。如何才能从众多的竞争对手中脱颖而出，有时候就取决于你是否有创新能力，你的创新能力比别人强，你成功的机会就会比别人多。

作为一个员工，你有没有创新的能力，能不能通过创新给公司创造效益，这在很大程度上决定了你在公司的地位和你受尊敬的程度。创新是你进步的动力之源，在工作中，只要你抓住灵光一闪的点子，你就能为公司，为自己创造出意想不到的价值，而这也会给你获得更多的机会与更大的成功。

同样面对日趋激烈的竞争，任何一个员工要想取得事业上的成功，都必须要懂得创新的重要意义及创新之道。把握先机，主动创造革新，只有这样，才能使你领先于别人而走得更远。

只有创新才有突破，只有突破才会有新的发展空间，才会走得更远。"一流的员工主动创新；二流的员工被动创新；三流的员工拒绝创新。"这句话诠释了只有做创新型员工才会更有发展前途的真理。

这个是一个不创新就面临淘汰的时代。企业需要的不只是按部就班、埋头苦干的踏实型员工，更需要具有创新意识和创新能力的创新型人才。毋庸置疑，具有创新精神、时时刻刻想办法和找方法的员工，才是公司最需要的人。

职场必读

会动脑筋思考的人，总能把握住问题的关键，并能够解决它，通常在工作上能高效地完成任务。由于比别人办事更快，他们更容易在竞争中脱颖而出。

创新才能不断进步

企业必须以变应变，在创新中不断前进。不管是在哪个阶层、哪个部门的员工，都要接受环境不停变化的事实，都必须意识到：我们面对的世界，是一个充满竞争的世界。这种竞争，主要是创造力和创造性的竞争。创新精神体现了公司员工在变化中求生存，在变化中求发展的不懈追求和努力。

各行各业的企业都面临着同样一个重大课题，即如何释放创新的巨大潜能。显然，漫无目的的创新方式只能是白费力气。为了达到更高的创新效率，他们必须运用创新这一有力武器，来解决业务上最严峻的挑战。

创新活动本来并不难，它只是不同于呆板。许多时候，只要有点创新意识，就会焕发创新行为，就会有活力，而呆板凝滞是足以扼杀创新的。现代企业员工要在纷繁多变的市场经济的不平衡中寻找企业发展和获得的机会，没有强烈的创新意识是不可能成功的。

企业员工必须树立"以变求胜"的态度去关心企业，这其实就是一种变革思维。当一切都顺利时，人易于陷入安逸的生活方式。以安逸的生活方式生活就会失去追求新生活的热情。这是人的非常自然的心理状态，用这样的思维方式无法跟上社会变革的步伐。

创新意识意味着一种永不满足的追求，也就是说，现代企业员工的创新意识是同他极其强烈的成就欲望和事业心密切相连的，它们实质上是一个问题的两个方面。

现在企业间更新、淘汰的速度越来越快，呈现出令人眼花缭乱的景象。当一些著名大企业江河日下难挽颓势之时，一大批中小企业却如旭日初升光华显现。企业要想保持昔日辉煌，越来越难了。从某种意义上说，市场竞争是一场不进则退、永无止境的竞赛。

我们的工作方式应随着社会形势不断变化，相应地，我们的头脑也应该发生变化。如果你对这些变化不加理会并且自己也消极沉溺，那就很危险了。

企业员工的创新意识就跟员工要准时上下班一样重要。将创新培养成为员工的一种职业习惯，企业才能有勃勃的生机和巨大的潜力。因此，很多现代企业都把培养员工的创新意识和创新能力，作为企业健康发展的一项重要课程。

在人们的印象中，英特尔一直是一个依靠尖端科技缔造事业辉煌、并不断推陈出新、升级换代的品牌，其创新精神在招聘过程中也有着充分地体现。英特尔在各高校招聘应届毕业生时，愿意招收各科成绩虽是中等却富有创新意识的学生，最好是学生在校期间就完成过颇有创意性的项目。

在新的经济时代，创新已经取代其他多种因素成为企业的生存发展之本。没有哪一个优秀管理者不注重员工创新的重要性，许多大公司都将创新当成评价一个员工的重要标准之一。这在另一方面也反映出了创新在员工升迁道路上的重要性，一个不懂创新、死守一隅的员工，是不可能得到老板赏识的。

一台机器是否能正常运转，它的发动机起着决定性的作用，但是要想让机器飞速运转，则需要推进器。同理，公司发展的推进器就是创新型员工，只有创新型员工才能帮助公司更快地成长与壮大。

李少杰勤学好问，从一名普通的操作工成长为海尔冰箱事业部钣金公司的订单经理。而这一路的快速成长，正是由于他重视创新，勇于创新，善于创新决定的。

作为生产冰箱的第一道工序，钣金生产线是影响生产时效的首道"门槛"。要提高钣金生产线的生产时效，出路只有两条：一是增加设备，二是挖潜增效。

海尔钣金公司拥有当时世界上最先进的日本生产线，设计节拍为25秒台，所以挖潜增效从没人敢想过，而李少杰却偏偏要为世界上最先进的生产线"动手术"。

李少杰与日本生产厂家积极沟通，召集公司工艺、设备、模具、检验、操作人员，集思广益，仔细推敲生产线的每一道工序。他一次次手持秒表，计算现场每个操作细节所花费的时间，甚至包括操作工转身动作的耗时。

凭着韧性，李少杰带领同事，硬是将冰箱钣金生产线的设计节拍降低为7.5秒！这个数字创下了钣金线生产效率新的世界纪录。

李少杰的创新，为海尔带来了源源不断的活力。他就像推进器一样，为海尔注入了强健的活力。

无独有偶，日本东芝电气公司的一个小职员的创意也为我们提供了一个成功的实例。

20世纪50年代，日本的东芝电器公司曾一度积压了大量的电扇卖不出去。公司7万多名职工为了打开销路，费尽心思地想了很多办法，但进展依然不大。

有一天，一个小职员向公司领导提出了改变电扇颜色的建议。由于当时全世界的电扇都是黑色的，东芝公司生产的电扇也不例外，而这个小职员建议把黑色改为浅颜色或其他颜色。这一建议引起了石板董事长的重视。经过研究，公司采纳了这个建议。

第二年夏天，东芝公司便推出了一批浅蓝色的电扇，大受顾客的欢迎，市场上还掀起了一阵抢购热潮，几个月之内就卖出了几十万台。这一改变颜色的设想，一下子就改变了电扇大量积压的现状，为公司带来了巨大的收益。

从此以后，在日本，以及在全世界，都开始争相效仿，电扇也不再是板起一副统一的黑色了。

企业之间的竞争，知识的创造、利用与增值，资源的合理配置，最终都要依靠知识的载体——创新型员工来实现。

随着信息经济的飞速发展，产品更新换代升级的周期愈来愈短，创新能力日益被众多企业提到了一个重要的位置上来。一名员工是否具有创新意识和创新能力，越来越被现代企业所看重。企业的发展和真正竞争力有赖于有创新精神和创新能力的员工。

职场必读

一个优秀的人才不仅要有过硬的专业技能，还必须能承受巨大的工作压力，勇于接受新知识，善于不断创新。

创新是成功的法宝

创新能力是一种强大的生命力，它能给你的生活注入活力，赋予你生活的意义。创新能力是你命运转变的唯一希望。在当今社会，创新已成为一种最稀缺的资源，谁掌握了创新的能力，谁就掌握了成就事业的主动权。

作为一名职业人士，创新是一种必备的职业技能，这不是一件高不可攀的事情，因为每一个人都具有一定的创新精神，只要克服自己的惰性，遇到事情不要按照以往的套路去思考，更不要按照以往的模式去重复的工作，只要积极开动自己的脑筋，就一定能够想出新的办法，从而取得事业上的成功。相反，如果一个员工不具备创新意识，哪怕是做得再好，也不会取得成就。

史颢是一家公司的职员。在公司中，史颢是大家公认的好同事，年年工作都名列前茅。老板交给的任务，他每次都能够顺利地完成，另外，他还经常帮助同事做些力所能及的事情。

但是令人不解的是，史颢连续两年都没有得到升职，而那些被提升的人无论是从资历上还是从工作上，都远远不如史颢。为此，不仅仅是史颢疑惑不解，就连许多同事也觉得此事不公平。

经理知道这件事后，特意和大家讨论了相关的想法。在讨论中，经理表达了自己的观点：史颢工作态度虽然很好，不但能够按时完成老板交给的任务，还能及时帮助同事，是一个非常好的员工。但是史颢在面对变化的市场时，却没有相应的对策。可以说，当前职场变化莫测，一个好员工仅仅踏实肯干还是远远不够的，思想呆板只会使自己停滞不前，这样一来就会被市场淘汰。

不论身处何种职位，哪怕就是一个小小的职员，也不要领导说什么就是什么，更不可忽略自身的价值。只要保持一颗创新的心，在工作中一点点地积累，就能够一步步成为公司优秀的人才。

创新意味着从无到有，因而充满着风险和不确定性，遭到挫折或失败是正常的，但风险往往又蕴涵着机遇和未来。麦当劳的创始人克罗克说："成就是在战胜了失败的可能、失败的风险后才能获得的东西。没有风险，就没有取得成就的骄傲。"所以，一些优秀的企业总是热情地鼓励尝试和冒险，积极支持员工的创新思想和创新行动，同时又能宽容地对待失败，甚至鼓励犯错误，以保护员工创新的热情和积极性。

硅谷公司流传的名言是"失败是可以的"。那里的企业普遍推崇的价值观就是"允许失败，但不允许不创新""要奖赏敢于冒风险的人，而不是惩罚那些因冒风险而失败的人"，以至于有人认为，"失败是硅谷的第一优势"。这些都表现出勇于变革的公司对待创新失败的宽容态度，它实际上已经成为一种理所当然的创新理念。

IBM公司一位高级负责人，由于在创新工作中出现严重失误而造成1000万美元的巨额损失。许多人提出应立即把他革职开除，而公司董事长却认为一时的失败是创新精神的"副产品"，如果继续给他工作的机会，他的进取心和才智有可能超过未受过挫折的人。

结果，这位创新失误的高级负责人不但没有被开除，反而被调任同等重要的职务。公司董事长对此的解释是："如果将他开除，公司岂不是在他身上白花了1000万美元的学费。"后来，这位负责人确实为公司的发展做出了卓越的贡献。

企业界正流行一个说法："你不射门，那你百分之百没有命中率。"创新是一种具有高度自主性的创造性活动，依赖于不同思想、意见的相互交流的撞击，依赖于全体员工的积极参与和真诚投入。

公司作为一个经营运作体，靠获得利润来维持发展。每一家公司都需要用常新的眼光关注这个世界的动态，以便采取相应的措施，谋求拓展。只有不断地创新，公司才能跟得上时代的步伐，才能得到发展；不创新，公司就没有生命力。

职场必读

创新是成就人生事业的最主要的方法。无论从事何种职业，无论身处何种地位，只要具有了创新意识和创新能力，就一定能够从职场中脱颖而出，成为职场中的佼佼者。

拥有创新的思维

创新可以帮助人成就辉煌、晋升卓越。只要保持对创新的热衷，很快就能成为受老板青睐的人，好的机会也就会随之而来。

很多人认为创新是一种"极端"的手段，只有在"极端"的情况出现时才有必要使用。事实上，正是这种对创新的误解，才使他们贴上了因循守旧的标签，注定了平庸的命运。创新不是什么"极端"的手段，也不用非等到情况不可收拾时再进行。创新就是寻找新的方法，改进现有工作方式的不足和缺陷，所以应该是随时随地进行的。

"今天我们应该在哪里改进我们的工作？"如果你能在工作中把这句话当成自己的座右铭，那它就会产生巨大的作用。一旦你随时随地要求自己不断改变，不断进步，你的工作能力就会达到一般人难以企及的高度。

人的身体之所以保持健康活泼，是因为人体的血液时刻在更新。同样，作为公司的一名员工，只有不断地从学习中吸收新思想，不断地提升自己的思考能力，才能够在工作中获得不断改进的方法。

如果让不断改进成为一种习惯，将会受益无穷。一名不断改进的员工，他的魄力、能力、工作态度、负责精神都将为他带来巨大的收益。

一桶新鲜的水，如果放着不用，不久就会变臭；一个经营良好的公司，如果不能持续改进就会逐渐衰退。每个员工在每天的工作之中都要有所改变。这种自我超越式的创新精神，是每个人成就卓越的必要修炼。

在生活和工作中，很多人之所以没有创新精神，是因为他们对过去的经验和阅历过于注重，有了思维定式。一旦遇到问题，由于思维的惯性，难以走出这些条条框框，自然就难以获得创新，也难以成功。作家贝尔纳说："妨碍人们学习的最大障碍，并不是未知的东西，而是已知的东西。"要创新就要破除这些传统，突破思维定式，在改变中求发展、求进步。

安妮塔·罗蒂克是个喜欢冒险的人。她尝试过多种职业，做过不少生意。一天，她在跟朋友聊天时突发奇想：为什么我不能像卖蔬菜那样，用重量或容量的方式来卖化妆品？将化妆品花在精美包装上的一大部分成本取消，一定可以吸引更多的消费者。她马上按照这个设想来运作，结果，她凭着这个新奇的想法取得了成功。

事实上，每个人都有某种创新能力，只不过被传统和惰性所限制，难以发挥出来。要想成为一个成功的职业人士，就一定要勇于打破思维的惯性，跳出思维模型所造成的定式状态，去获得常规之外的东西。

如果在做好本职工作的前提下，试着从一个新的方向，换一种新的思维，你也许收获的不仅仅是个人薪金的提升，你的新思路带来的效益也许是你自己根本就无法估量到的。

美国传奇天才哈利小时候在一家马戏团做童工，负责在马戏场内叫卖小食品。但是每次看戏的人并不多，买东西吃的人则更少，尤其是饮料，很少有人问津。

有一天，哈利突发奇想：向每一位买票的观众赠送一包花生，借以吸引观众。但是，老板坚决不同意他这个荒唐的想法。

哈利提出用自己微薄的工资做担保，请求老板让他尝试一下，并承诺如果赔钱了就从自己的工资里扣；如果赢利了，自己只拿一半。老板这才勉强同意。

以后，每次马戏团演出时，哈利都会在马戏场外高声大喊："来看马戏啊！买一张票免费赠送好吃的花生一包！"在他不停的叫卖声中，观众比往常多了好几倍。

观众进场后，哈利又开始叫卖啤酒、汽水等饮料，而绝大多数观众在吃完花生之后觉得口渴，都会买上一瓶饮料。就这样，一场演出下来，马戏团的营业额比以前增加了好几倍。

在工作中，许多员工由于害怕承担责任，一味地墨守成规，惧怕改变，不愿意尝试用新的方法做事。他们的做事准则是：不求有功但求无过。如果你这样想，那么你充其量只能作为"垫底"的，会让老板放心，但绝不会令老板欣赏。在这个以新求进步、以新求发展的时代，员工创新力的高低，很大程度上决定着公司创新力和竞争力的高低。

美国第一颗人造卫星准备发射前，有一家公司的老板给有关部门写了封信，想在卫星外面做公司的宣传广告。

有关人员听了后，一致认为他的想法很可笑，根本不予理睬。可是，这位老板却很认真地一次又一次地给有关部门写信，非要做成这个广告不可。

后来，这件事情被传开了，所有人都觉得很新鲜，在卫星上做广告，谁能看得见呢？一个谁也看不见的广告有什么意义？难道是做给外星人看的吗？

直至卫星真的发射成功了，这位老板的要求也没有被批准，但却被媒体炒得沸沸扬扬。短短的时间内，这位老板和他的公司在美国家喻户晓，知名度大大提高，公司产品的销量也节节攀升。

后来，记者在采访这位老总时问："您怎么会想到在卫星上做广告呢？"这位老总笑笑说："当时我的公司刚刚起步，根本没有足够的资金去做广告。为了达到宣传目的，我只能找一个根本不可行的办法，一分钱没花，却比花了钱的广告效果还要好上千倍。"

一个小小的创意，不仅成就了公司，更成就了自己。如今竞争异常激烈，你拥有的，别人同样也拥有，如何发展新的市场，如何在竞争中立于不败之地，最关键的就是创新精神。

职场必读

只有善于自我改变，自我超越的人，才会察觉到自己的无知及能力的不足，才能不断地完善自我，向成功的目标迈进。现在是一个变革的时代，在整个世界都在变革的大环境下，主动应变胜于被迫改变，这样才能在竞争激烈的职场中立于不败之地。

创新无处不在

新方法是无穷无尽的，只要具有永不满足的精神，能够不断地探索，就一定能够寻找到新的方法。在工作中同样如此，每一个人在工作中都会面临很多困难，只要积极地开动脑筋，不断地探索，就一定能够豁然开朗。

随着生意越来越好，一家老牌饭店急需装修和扩大，尤其是那个原先配套设计的电梯，由于过于狭小，已经无法适应越来越多的客流。

饭店的老板为了获得更好的经济效益，打算安装一部新的电梯。为此，他重金请来一流的建筑师和工程师，请他们出谋划策，为饭店安装一部新电梯。

建筑师和工程师看到饭店的情形，认真地拿出了一套方案，但唯一的不足之处就是在安装电梯的时候，饭店必须停业半年。这个答案当然不是老板最想要的，老板不希望因为安装电梯的缘故影响饭店的生意。

"没有别的办法了吗？这样一来，会造成极大的损失。"老板问建筑师和工程师。

"必须得这样做了，否则根本无法在饭店里安装一部新的电梯。"建筑师和工程师肯定地回答。

这时，一个正在饭店扫地的保洁人员听到了老板和建筑师和工程师的谈话。说实话，她非常不想有这样的结果，这意味着她要失业半年。

"那么该怎么办才能既安装了新电梯，又不影响饭店的经营状况呢？"清洁工陷入了沉思。突然她到一个很好的办法，于是她来到老板的面前。

此时，老板依然还在与建筑师和工程师商讨安装电梯的事项，看来老板已经同意了。清洁工一脸自信地说："如果让我来安装电梯，你们知道我会怎么做吗？"

"你能怎么做？"建筑师和工程师同时说道，并不屑地瞟了她一眼。

清洁工没有理会他们的眼神，继续说道："我会直接在屋子外面装上电梯，这样既可以实现换电梯的目的，又不影响饭店的生意。"

"多好的方法啊！"老板、建筑师和工程师三人顿时惊呆了。

很快，饭店就按照清洁工的意思，在饭店的外面安装上了新的电梯，不仅适应了饭店扩大的需要，并且建成了建筑史上的第一部观光电梯。

从习惯上来讲，安装电梯只能在室内，专家们也因此将其思维模式固定住，没有积极地开动脑筋，寻找新的方法。而那位清洁工则正好相反，将思维打得更为开阔，从而提出了他们意想不到的办法。

在当前职场中，竞争日益的激烈，任何一个员工都面临着被淘汰的危险。只有在工作中积极地开动脑筋，充分调动自己的创新思维，积极地找出解决问题的新方法，才能够在职场中立于不败之地。

最有竞争力的员工都是这样一些人：热衷于发现那些埋没于千头万绪或支离琐碎背后的每一个亮点，站在创新的立场上考虑工作中的各种问题，接受其他领域的优秀思想，善于捕捉那些别人不注意的好点子、好办法，用来有效地提高工作质量和效率。

由于长期积压，一家出版公司有批滞销书久久不能脱手，令负责该批图书发行员的卡贝尔陷入了极度的困境当中。如果这批书再卖不出去的话，这批书就要按废纸卖掉，或者打成纸浆，那样的话，年底卡贝尔就拿不到奖金，而且可能面临被扣工资，甚至被解聘的困境。

卡贝尔经过再三考虑有了主意，并且向总经理汇报。总经理听了他的想法后觉得不容易实现，但比较欣赏他的创意，因此并没有直接否定卡贝尔的创意，勉强通过。

当时，卡贝尔也看出了总经理的意思，但他坚信这个想法可以实现，于是他立即开始行动。

卡贝尔是总统的同学，他先给总统送去了一本书。忙于政务的总统怕他过多纠缠，便随口说了一句："嗯，这是本好书。"

得到总统这句话后，卡贝尔马上开始大做广告："现有总统先生喜欢的图书出售，欲购者从速。"于是，没用几天，那批滞销书便销售一空，成了走俏一时的畅销书。

不久后，卡贝尔又拿出另一批自己负责发行的书，这批书同样压在手中卖不出去。他又送了一本给总统。鉴于上一次的教训，总统回了一句："这书不怎么样。"

卡贝尔又做广告："现有总统认为很糟的书出售，欲购从速。"书又被抢光了。

第三次，卡贝尔再次送书给总统时，总统想，这次可不能再上当了，于是一言不发。

卡贝尔回公司后马上在广告上说："现有总统还拿不准是好是坏的书出售，欲购从速。"那批书居然又被抢购一空。

卡贝尔把自己的创意顺利实施完后，得到了上司和同事的称赞，后来卡贝尔成了发行总监。

我们不得不佩服卡贝尔，他能充分利用总统的名声使自己滞销的书籍迅速脱手，但更令人敬佩的，应该是卡贝尔果断地用行动将创意变为现实的勇气。试想，卡贝尔若只是停留在美好的愿望中，不去大胆实践自己的创意，那么滞销书依旧会滞销，又怎能实现"销售一空"的业绩呢？

培根说："生活中不是缺少美，而是缺少发现。"我们也可以把这句话换一种说法：工作中不是缺少创意，而是缺少想象。思想上的守旧意味着不能跟上时代潮流的发展，也就无法攀登至人生的最高峰。

每个人都可以使公司有所改变，公司的每一个变化，每一个进步，都与个人是否有创意有着密切的关系。虽然这是一个十分简单的概念，但是却对整个公司产生了巨大的影响。如果离开了创意，再勤奋的员工都只是勤奋的员工，永远也无法成为提高自我价值的优秀员工。

职场必读

　　每个员工都有发现创意的能力，同时我们身边也有无数值得去发现的好创意。但是，创意需要想象和联想，需要思考，只有具备观察力与敏感性才能获得它。

执行，有行动才有成果

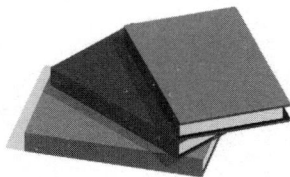

无论多么好的设想，如果只停留在设想的阶段，不去执行，那么就永远不会实现。优秀的员工不仅有好想法，更懂得立即去执行。只有切实执行，取得了成果，你才可能成为公司最需要的人。

从现在开始行动

　　有些人总是想法很多，却没有落实到实际行动中。从不行动的人，拥有再好的想法，也没有任何意义。其实，人与人之间的差距，并不像想象中的那样大。在智力上，大家没有什么太大的差距，但不同的人在做同一件事情的时候，所得到的结果却往往千差万别。

　　作为在职场中打拼的现代人，光有好的策略是不行的，只有将工作落实到行动中，才能得到理想的结果。如果只是"心"动了，却没有付诸行动的话，那你所想到的一切都将是"纸上谈兵"。

　　塞布尔是一名食品推销员。他十分热爱自己的工作，同时也非常热爱钓鱼和打猎。他总是喜欢在周末的时候带着钓竿和猎枪到丛林深处钓鱼、打猎，几天后再心满意足地拖着疲惫的身体回家。但是，这种爱好在使他乐在其中的同时又深深地困扰着他，因为这些爱好占据了他太多的时间，几乎影响到了他的工作。他想找到一种可以两全其美的办法。

　　一天，他从外面回到工作岗位上，突然产生了一个十分奇异的想法："我可以在荒野之中开展业务。因为铁路公司的员工都居住在铁路的沿线，荒野中还散居着许许多多的猎人和矿工，这些都是潜在的客户。"这个想法令他兴奋不已。这样一来，他便可以在狩猎途中，顺便开发客户。

　　接下来，他开始着手此项计划。没等跟家人告别，他便回家打点行装，进行准备工作，这样是为避免自己被犹豫和拖延影响了决心，而导致自己最终放弃这项计划。直到第二天，他才告诉家人他已经在郊外开始工作了。

之后，塞布尔沿着铁路线开始工作。那些人对他的态度十分友善和热情，塞布尔的工作因此开展得十分顺利。在和他们的接触之中，塞布尔与他们产生了深厚的感情。塞布尔教他们一些生活中的小手艺，给他们讲外面世界中的传奇故事，因此，他经常成为他们的尊贵宾客，塞布尔推销的食品也大受欢迎。塞布尔在工作了三个月后回到公司，他因这次行动而创造出了百万美元的业绩。

不管理想多么伟大，如果不做出行动，那都不会起到任何作用。真正的结果只有通过行动来证明。"心动"只是一种想法，想要将自己的心动成为现实，就要通过行动来完成。取得成功的唯一方法就是快速行动，而不是一味地"心动"。

职场上，许多人曾不止一次抱怨自己的才能得不到施展，其实并不是他们的才能没有发挥的地方，而是他们没有给自己发挥的机会。他们总是在抱怨和叹息中蹉跎岁月，从来没有开始行动的决心。

聪明的员工自然会有许多聪明的想法。但是，这些想法是需要在行动中加以证明的，如果不及时在工作中加以运用，那这些想法就如同梦境一般，永远不可能实现。因此，不要将想法浪费在大脑中，要将它表现在行动上。

无论做什么工作，只停留在嘴上是不够的，关键要落实在行动上。

丘吉尔平均每天工作17个小时，还使得10位秘书也整日忙得团团转。

为了提高政府机构工作效率，丘吉尔制定了一种体制，他给那些行动迟缓的官员们的手杖上，都贴上一张"即日行动起来"的签条。结果，每天下来，他们的工作不仅按时完成，而且还井然有序。

"即日行动起来"不仅是所有公司领导的共同行动格言，也是优秀员工在不同的领域有所建树的重要条件。

一位青年画家向大画家柯罗请教自己的作品。柯罗指出了几处他不满意的地方。"谢谢您,"青年画家说,"明天我全部修改。"

柯罗激动地问:"为什么要明天? 你想明天才改吗? 对于一个年轻人来说,要把握眼前每一件事,容不得半点不踏实……"

"努力请从今日开始",不要想着明天再补。许多人也知道时间珍贵,可往往只寄希望于"明天",这些人在职场上的一个共同特点,就是喜欢向后"支"时间,总是一次又一次地把希望寄托在明天。就好像一粒种子,在手里老是掂来掂去,总没有机会播到泥土里,让它生根、开花、结果,最后种子坏了,再也种不下去了。所以,这些员工总是不被领导看好。

如果你想实现自己的职场目标,完成自己的工作,深受领导的喜欢,那么,你就得把握当下,立即去完成今天的事情。

目标的确立,制度的设立,政策的制定,都无可厚非,也都是必需的,但最重要的还是对于具体工作的落实,对关键措施的实行上。如果雷声大雨点小,必然导致结果上的不尽如人意,最终走向失败的结局。

能够在心动的同时立即行动的人,往往会激发出自己内在的潜力,让自己获得成功。以下几种方法可以帮助你将心动转变成行动。

(1)心中有想法,马上去行动

有了好的想法后不能轻易放弃,因为这个想法极有可能会给你带来成就感与荣誉感,放弃一个想法就相当于放弃了一次机会。当这个想法考虑成熟后,可以让行动去验证想法的可行性。因此,心中的想法与行动是相辅相成的,缺一不可。

(2)不要让拖延阻碍了你的行动

很多时候,我们总觉得时间有的是,凡事都不着急。本该马上做的事情,我们总会拖到"明天""后天"。其实,拖延能消耗人的积极性,打击人的斗志。因此，当我要付之于行动的时候，就要抛弃拖延这个包袱，让自己全身心地投入行动中。

（3）做事情不要半途而废

许多事情当你在操作的时候会发现，并不像你想的那么容易。此时，很多人都选择了放弃。这样，不但不会成功，还会让事情更糟糕。如果在做任何事情的时候都习惯于半途而废，那你将不会品尝到一丝成功的滋味，成功将会与你无缘。

职场必读

无论是多么科学的决策、多么宏伟的蓝图、多么超前的战略，如果只是喊些口号，不落实在行动上，也只能是"盘中沙""水中月"，永远不会实现。喊口号与抓落实，作为一项工作的两个方面，不可只做其一，不做其二。

不做守株待兔者

机会不会从天而降，需要自己去创造。那个守株待兔的人获得的只是一只兔子。只有积极的行动，才能获得成百上千只兔子。要想抓住机会，就需要自己主动去争取。

在这个充满机遇和挑战的时代，任何时候，公司与个人都不能满足于现状，否则，就如"逆水行舟，不进则退"。每个公司都必须时刻以增长为目标才能生存，要达到这个目标，公司员工必须与公司制定的长期规划保持步调一致，而真正能做到一致的，只有那些主动进取的员工。

主动性在工作中是非常重要的。有的人像算盘珠，拨一拨，动一动，从来不愿动脑筋，更没有创新意识。有的人却主动找事做，还会主动处理困难的或别人不愿做的事情。在工作过程中，主动性强的员工的业绩不断得到提升，实力也不断增强，随着工作经验的不断积累，对各种问题的处理也变得越来越得心应手。

许多职场新人进了公司后，度过几个月了，还像做客一样，缺乏工作的主动性。在企业的基层，部门分工往往不是很细，而一些重要的工作又不能马上交给新人，所以一般都是先做内勤，也就是处理考勤、收发电子邮件这类日常工作。在一些满怀激情的职场新人看来，这就是打杂，没有什么好学的。许多职场新人也想找事做，但他们不知道自己该做些什么，他们总是期望老员工手把手地教自己，就像上学时数学老师讲解习题一样。

商场如战场，进入职场如同进入战场，了解本公司和本行业的基本情况，就如同进入战壕先熟悉地形一样。

职场新人在自己的工作还不是满负荷的情况下，最好利用这段时间了解本公司的一些基本情况，如本公司的历史、发展的过程、具体的业务内容、具体产品或服务的价格、各部门的大致分工、各地的分支机构、经营方针等。

作为职场新人，你一定要积极主动，要利用这段时间多学点东西，不懂的地方要虚心地向资历深的同事请教。这样，一旦领导有具体业务交给你，你就能很快进入状态。

要想成为一名优秀的员工，就必须具有积极主动的品质，这种积极主动不能仅仅局限于一时一事，你还必须把它变成自己的思维方式和行为习惯。只有时时处处表现出你的主动性，才能获得机会的眷顾，并最终成就卓越。

初到美国，乔俊的第一份工作只是一个仓库保管员。尽管出国以前学的是企业管理专业，可是乔俊并没有轻视这样一份在常人看来难以有所作为的工作。因为在他看来，自己即便是看仓库，也要看出企业管理的水平。

于是，乔俊以货物的流通为切入点，通过对各种货物的流通速度来评判公司的各项业务，找出周转缓慢需要调整的业务，并不断上交分析报告，以此作为公司管理层做出未来决策的参考依据。他这么做完全出于主动，他把公司的问题当成自己的问题。十年间，乔俊从管理员一步一步做到了副总裁，并掌管着100亿美元的资金运作。

好员工要学会主动，关键是不要给自己设限。这个"限"就是指你觉得自己已经做得足够多、足够好。主动工作的过程中，你不必在意老板有没有注意到，也不必计较你多做的事情会不会得到报酬。如果你能达到这种境界，你最终的价值必然决定了你不可替代的"身份"。

"主动性"是企业评价一个员工是否合格的重要标准，其核心就是看他是否主动地去工作，是否主动地去思考。

为了鼓励员工积极参与企业经营，一家公司设立了一个总经理特别奖，专门用于奖励那些业绩突出或提出对公司运作有明显改善方案的员工。你可以带着改善你所在机构运作的主意或方案去找你的直接上级或总经理。公司还鼓励大家提出节省费用的主意，并对那些提出有效节省开支主意的员工给予奖励。

企业强调员工要发挥主动性，就是希望每个员工不要凡事都依靠上司，不要等上司有了指示才去工作。每人都负责着部分工作，员工就是自己管着的这部分工作的负责人。公司提倡大家要有一种主人翁的姿态，主动地去考虑自己负责的工作，提出有益的建议，想出各种办法，把自己负责的工作做好。

一位总裁说："曾经有人问我，什么样的员工是称职的，我说，如果这位员工在休息的时候还会经常想着工作，想着如何把工作做得更好，那么这个员工就是主动的，就是称职的。现在的企业实在是太需要这样的员工了。"

任何人的成功都是来自发挥主动性和创造力，积极地去寻找机会。如果你只会坐井观天，守株待兔，那么你永远只能是井底之蛙。

一个来自偏远地区的打工妹，由于没有什么特殊技能，就应征到一家餐馆做了一名服务员。在别人看来，服务员的工作再简单不过，只要招待好客人就可以了。

这个小姑娘的表现出人意料，她从一开始就表现出了极大的热情。一段时间后，她不但能熟悉常来的客人，掌握了他们的口味，而且只要客人光顾，她总是千方百计地使他们高兴而来，满意而归。她不但赢得了顾客的连连称赞，也为饭店增加了收益。在别的服务员只能照顾一桌客人的时候，她却能独自招待几桌的客人。

老板非常欣赏她的工作热情，也很满意她的工作业绩，于是准备提拔她做店内的主管，她却婉言谢绝了老板的好意。原来，一位投资餐饮业的顾客看中了她的才干，准备与她合作，资金完全由对方投入，她负责管理和员工的培训，并且对方郑重承诺：她将获得25%的股份。现在，她已经成为一家大型餐饮企业的老板了。

一个好员工，应该是一个积极主动去做事，积极主动去提高自身技能的人。身为公司的一员，你不应该只是局限于完成领导交给自己的任务，而要站在公司的立场上，在领导没有交代的时候，积极寻找自己应该做的事情，主动地完成额外的任务，出色地为公司创造更多的财富，同时也扩大了自己发展的空间。

很多员工常常要等老板交代过做什么事，怎么做之后，才开始工作。殊不知，这种只是"听命行事"或"等待老板吩咐"去做事的人，已不再符合新经济时代"最优秀员工"的标准。现在，公司需要的、老板要找的是那种不必老板交代就积极主动做事的员工。

在任何时候都不要消极等待，公司不需要守株待兔之人。在竞争异常激烈的年代，被动就要挨打，主动才可以占据优势地位。所以，要行动起来，随时随地把握机会，并展现超乎他人要求的工作表现，还要拥有"为了完成任务，必要时不惜打破常规"的智慧和判断力，这样才能赢得老板的信任，并在工作中创造出更为广阔的发展空间。

职场必读

　　只有当你主动、真诚地提供真正有用的服务时，成功才会随之而来。每一个老板也都在寻找能够主动做事的人，并以他们的表现来奖励他们。

用行动代替空谈

　　有一次，管理学大师柯维在做培训的时候对学员们说："在我们培训楼旁边一公里的地方，有一家非常好吃的牛肉馆。你们可以抽个时间吃一顿。"

　　学员们都笑着说："谢谢先生，我们一定会去的。这么近，什么时候去都不耽误。"柯维没有说话。

　　过了一周，柯维问学员们谁去了附近的牛肉馆。结果，没有一个人去过。因为这些学员认为：反正也不远，总感觉什么时候去都行，所以一直没有去过。

　　行动的执行有着很大难度。当我们想去做一件事情的时候，要马上开始行动。

　　只有敢想了，你才敢去做。然而，在现实生活中却有这样一种奇怪的事情。那些大多数人眼里的成功人士，似乎并没有太多太大的梦想，而那些看似胸怀大志的人，却总是一直在走下坡路，终落得一事无成，郁郁而终。这是为什么呢？梦想是用来藏在心中的，是用来做的，而不是挂在嘴边的，不是用来说的。

职场上，常常会有一些人在工作时间里大谈自己的梦想，自己的抱负，自己对未来的设想。这些人热衷于谈论梦想，喜欢生活在自己为自己构造的幻想的城堡里。

老杨在一家生产玩具的大型企业担任部门主管。他在这里一待就是15年，早已由当初那个不谙世事的毛头小伙子变成一个步入不惑之年的中年人。

老杨一直想做到经理的位置，但15年过去了，他依然还在主管这个位置上徘徊。有几次，经理的位置空下来了，却都是别人又补了上去，老杨总是与这个职位失之交臂。

于是，老杨想，要跳槽换个更好的环境。他想过许多发财途径，想去搞外贸，想去开加工厂，想去开酒吧，却一项事业都没能开展。他老是把自己的失意归罪于生不逢时，而从不思考自己采取行动来改变自身的命运。

这样的事情在职场中随处可见，许多打工者都试图去改变自己的人生，最后却往往落得"心比天高，命比纸薄"的笑柄。

总想着自己过好一些，做一些更有意义的事，但却总是习惯于将自己的梦想束之高阁，却把大量的时间和精力浪费在一些无关紧要的事情上，终日忙忙碌碌做一些琐碎的事情，最后导致自己的梦想和希望死在摇篮之中。对于这样的结果，这些人却常常不在自己身上找原因，却总喜欢寻个美妙的借口，为自己开脱，然后继续过着以前的生活，让梦想在某个角度沉痛地呼吸。

没有行动的梦想就像乌托邦一样，看起来很美，听上去很诱人，似乎自己也能在成功后的喜悦中寻到一些快乐的因素，但冰冷的现实，却往往令人不得不接受，不得不面对。也许，在你幻想的那一刻，似乎自己真的就要脱胎换骨，成为一个不平凡的人了，但最后的结果却往往是那样令人失望。

那些没有付诸任何实际行动的梦想往往容易让人生活在一个很自我的精神世界中，把自己看得很高，脱离了实际的水平，对那些平淡的工作会没有任何兴趣，整天在自己梦想的美丽世界中逍遥自在，但由于看不起自己身边平凡的工作，最后自己连个普通的人都不如。

在实现梦想的路途中，空谈是没有任何意义的。只有开始行动，经历一番"风霜苦"之后，才能闻到梅花的"扑鼻香"。

几乎任何组织都不缺乏雄心壮志和伟大的目标，恰恰缺少的就是落实的力度。对任何一个组织来说，一旦确定了战略和目标，最重要的就是落实。

简单地说，落实就是把嘴上说的、纸上写的贯彻到行动当中，达到预期目标。落实的关键在于行动，落实的效果在于结果。因此，落实不仅要付出行动，而且要取得成果。任何一个伟大的想法除非能转换为具体的行动步骤，否则毫无意义可言。少了落实，突破性思考和单纯的学习不会带来价值，员工无法完成延展性目标，计划也会半途而废。

任何一个组织都可以成为一个卓越的组织，但前提条件是它的每一个方针和战略都必须得到彻底的落实。

在落实面前，思想不能代替行动，好的战略没有合适的人去贯彻落实，也仅是束之高阁的方案，或是自己描绘的一幅美丽图景，说白了，就是空想。没有落实，一切都是空谈。

年轻的墨西哥姑娘罗马纳16岁就结婚了。在两年当中，她生了两个儿子，丈夫不久后离家出去，罗马纳只好独自支撑家庭。但是，她决心谋求一种令她自己及两个儿子感到体面和自豪的生活。

罗马纳带着一块普通披巾包起全部财产，跨过里奥兰德河，在得克萨斯州的埃尔帕索安顿下来，开始在一家洗衣店工作。虽然一天仅赚1美元，但她从没忘记自己的梦想，即要在贫困的阴影中创建一种受人尊敬的生活。于是，口袋里只有7美元的她，带着两个儿子乘公共汽车来到洛杉矶寻求更好的发展机会。

罗马纳开始做洗碗的工作，后来找到什么活就做什么。拼命攒钱直到存了400美元后，便和她的姨妈共同买下一家拥有一台烙饼机及一台烙小玉米饼机的小店。

罗马纳和姨妈共同制作的玉米饼非常成功，后来还开了几家分店。后来，姨妈感觉到工作太辛苦了，罗马纳便买下了姨妈的股份。

不久，小玉米饼店铺成为全美最大的墨西哥食品批发商，拥有员工300多人。

她和两个儿子经济上有了保障之后，这位勇敢的年轻妇女便将精力转移到提高她美籍墨西哥同胞的地位上。

"我们需要自己的银行。"她想。后来，她便和许多朋友在东洛杉矶创建了泛美国民银行。这家银行主要是为美籍墨西哥人所居住的社区服务。她与伙伴们在一个小拖车里创办起他们的银行。可是，到社区销售股票时却遇到另外一个麻烦，因为人们对他们毫无信心，她向人们兜售股票时遭到拒绝。他们问道："你怎么可能办得起银行呢？我们已经努力了十几年，总是失败，你知道吗？墨西哥人不是银行家呀！"

但是，罗马纳始终不放弃自己的梦想，始终坚持不懈。如今，这家银行取得伟大成就的故事在东洛杉矶已经传为佳话。

要想使宏伟的计划不是永远停留在纸上的蓝图，你就要用行动把它变为现实。天下最可悲的一句话就是，"我当时真应该那么做却没有那么做。"

　　职场上，从来不缺乏那些夸夸其谈的空谈家，却非常需要一些能脚踏实地默默行动的实干者。能立即将计划付诸行动的人，将会离成功更近。

执行一定要做到位

　　不管你执行什么工作，都一定要将事情做到位。将事情做到位也是执行工作的最高境界。做到了这点，就能大大提升自己的执行效率。

　　在工作中，你可能感觉自己做的事情与别人差不多，做得差不多就已经够了。但是，你的上司一定对你的表现心中有数，你会因此而失去升职的机会。

　　很多人之所以做事做得不到位，往往是因为他们会完成事情的百分之八十，而忽略了剩下的百分之二十，可恰恰这最后的百分之二十，却是关键的关键。它之所以关键，是因为正是要完成这最后的百分之二十，你的成果才会显现出来，少一点都不可以。

　　什么事情，都要做到位。工作做到位，是工作严谨的体现，也是一种态度的表现。对自己的工作不要敷衍，要认真去做，并尽自己最大的努力把它做好。

　　在工作中，增加自己的执行能力，不但能让我们在职场收获信任，还能增加我们的机遇。

一个在招待所工作的服务员，因为是下岗后再次就业，十分珍惜这份来之不易的工作。

一天，一位客人叫住她，要她帮忙买一块香皂上来。她不由得紧张起来，还以为是自己粗心疏忽了，忘记了给客人配发一次性香皂。她急忙向客人道歉，并表示自己马上帮客人把一次性香皂配好。

客人告诉她，现在招待所里用的是小香皂，不过他不喜欢使用小香皂。因为那些一次性的小香皂，个头小，质量差，还不方便拿在手里。

听客人这么一讲，她便出去为客人买回了大香皂。

第二天，这位客人走了，她收拾屋子时发现香皂只用了一点点。宾馆里配置的小香皂却没有人用过。于是，她灵机一动，心想："小香皂太小，不方便使用；大香皂太大，使用不了浪费太严重。如果我能做一种环形的大香皂，中心是空的，这样既能减少浪费，又能提高利润。"

有了这样的想法，她马上进行了市场调研。在服务行业，一次性香皂消费市场潜力巨大，一般的酒店宾馆一天就要消耗上百块。这是多么大的一次机遇啊！此时，她感觉，上天给了她一次巨大的机遇。后来，她的空心香皂受到了广泛好评。

在做事情的时候，由于思考得多了一点，执行上更到位一些，结果，自己为自己寻求到了出路。我们在职场上也要如此，有时候，一个好的方法，一个好的点子，就能够让工作效率大大提升。因此，到位的执行工作，能让一个人发现许多商机。

只管做事，不管好坏，这在任何一家公司都是不允许的。要想做大事做成事，最先要做到的，就是要有一个明确的目标，然后能够按照目标，一丝不苟地把事情做到底。

职场上，许多大事情，许多关键的事情，都是由许多细小的事情和许多琐碎的事情堆积而成，没有小事的累积，也就成就不了大事。把小事做到位，大事自然就做好了。在职场中拼搏的人们，一定要将"把事情做到位"

当成自己的一种习惯，当成自己的一种生活态度。如果能够这样，我们就能够与成功同行，与优秀同在。

每个人都有自己的工作职责，每个人都有自己的工作标准。社会上由于你所在的位置不同，职责也有所差异。但是，不同的位置对每个人却有一个最起码的做事要求，那就是做事做到位。做事情做到位是每个员工最基本的工作标准，也是一个人做人的最基本的要求。只有把事情做到位了，你才能提高自己的工作效率，才能因此而获得更多的发展机会。

各行各业，都需要那些能够把事情做到位的员工。如果你能够尽自己最大的努力，尽力去完成你应该做的事情，那么总有一天，你能够随心所欲地从事自己想要做的事情。反之，如果你每一天不管做什么事情都得过且过，从来不肯尽力把自己的本职工作做好，那么你将永远无法达到成功的巅峰，永远在失败的低谷徘徊。

工作中不乏这样的事情，行动方案不错，具体行动也有人去执行。但执行的结果是劳而无功，这其中的原因主要是落实者没有真正领会方案制订者的意图，没有体会到真正的方案的精神，而只是形式上机械地去落实，结果是，辛辛苦苦，却无功而返。

在一条马路边上，有个游客看到了一个奇怪的现象。

一个工人拿着铲子在路边挖坑，每3米挖一个。他干得很认真，坑也挖得很工整。另一个工人却跟在他的后面，把他刚挖好的坑立刻回填起来。

游客觉得奇怪，便问那一个挖坑的工人："为什么你们一个挖坑，另一个马上便把坑给填起来呢？"

那个挖坑的工人回答道："我们是在绿化道路。根据规定，我负责挖坑，第二个人负责种树，第三个人负责填土。不过，今天第二个人请假没来。"

这是一个幽默故事，它给我们这样的启示：机械地执行，其后果不亚于不执行。

完美的决策，不等于完美的执行，没有完美的执行，就不会有完美的结果。很多时候，我们有了好的决策，也去执行了，但结果却不尽如人意，原因就在于执行了却没有执行到位，执行了却没有执行彻底。

小方是一个在校大学生，暑假期间在一家咨询公司做兼职，从事市场调研员的工作。通过培训，公司向他传达了为调研员制定好的详细调研模式，规定了调研路线、方法、内容以及相关的细节问题，其中两项就是：每张调查表的最少调查时间，每天的调查表完成的数量。

小方热情高涨地去进行市场调查了，但和他所预计的完全不一样。人们并不愿意接受他的调查，更不愿意填写调查表。不要说满足最少的调研时间了，很多时候刚刚敲开门，人家一听是搞市场调查的，就"砰"的一声关上了门。

一个上午，小方仅仅完成了几张调查表，距离公司的要求还差很多，怎么办？完不成任务的话，没有钱拿事小，不能被人笑话自己这个大学生还不如别人。他想到了一个"高明"的办法，找了个小冷饮店，自己开始"认真"地填写调查表。到最后交调查表的时候，小方的调查表是数量最多、数据最完整的，领导还表扬他明天继续努力。

但第二天公司领导找他谈话了。原来公司有很完善的数据真实性检验模式，通过检验，公司已经发现了小方的作假行为。

只有有效地执行，才能真正把事情做好。只有完美地执行，才能把事情做到位，做彻底，才能有一个完美的结果。只有抓好执行，才能把任务变成行动，才能把美好蓝图变成现实。

职场必读

只要是工作，就要用自己的全部精力，把它做到最完美。不能差不多就行了，像有些人一样，看似一天到晚都在忙碌，似乎有做不完的事，却忙碌而无效。

积极主动地执行

很多人对工作不满意，抱怨薪水太低、没有发展前途等，总觉得现有的工作不值得自己留恋。特别是工作不久的员工，在单位接触的是一些平平常常的工作，就觉得这种平淡的生活对自己是一种折磨，而自己是怀才不遇。再看看周围比自己干得好的同学、朋友，跳槽的念头就油然而生。其实，这种想法大可不必。很多时候，只要我们主动一点，就会发现自己的工作实际上是大有可为的。

有的人认为，只要把自己的本职工作干好就行了。对于老板安排的额外工作，总是抱怨，从来不主动去做。其实，多做一些分外的工作，不仅可以让你在工作中不断地锻炼自己，充实自己，而且会让你拥有更多的表现机会，让自己的才华充分地表现出来。如果我们总是能让上司领略到喜出望外的感觉，他将会对我们建立起更高的信任与依赖。对于有积极心态和主动做事的人来说，"机会空间"的大门从来都是敞开的。

不管你现在所从事的是怎样一种工作，立即行动是必备的素质之一。只有立即行动的人，才能够抓住转瞬即逝的机会；也只有立即行动的人，才能够很快地将自己的想法付诸实施。

任何一家公司制定的规章制度即使再详细、再完整，也不可能把每一个人应该做的每件事都规定得清清楚楚。公司里总是有很多临时的或意想不到的事情，没有什么明确规定，说这些临时的事情应该由谁负责，但这些事情又是一定要人去做的。如果被指派的人有这样的想法：凭什么要我去？我又不是专门负责这项工作的，那么，可以肯定的是，这种斤斤计较、患得患失的人在任何一个公司里都很难有出头之日。

只有当你主动、真诚地提供真正有用的服务时，成功才会伴随而来。优秀的员工都明白一个道理：与其被动地服从，不如主动地去完成。

成功的人很早就明白，什么事情都要自己主动争取，并且要为自己的行为负责。没有人能保证你成功，除了你自己；也没有人能阻挠你成功，除了你自己。要想获得成功，你就必须敢于对自己的行为负责，没有人会给你成功的动力，同样也没有人可以阻挠你实现成功的愿望。

养成了率先主动的工作习惯，就掌握了个人进取的精义。那些以无比的热情看待自己工作和事业的人，总能发掘出无穷的机会。相反，那些被动的人只能永远等着别人给他安排任务，而且还要推脱搪塞，在这同时，也推掉了机会。

公司是一个实现自我价值的平台。你通过自己积极主动的工作，为公司做出贡献，公司通过你的工作取得了效益，因此，它除了给你报酬，还给你提供了机会，让你实现自己的理想。如果你对工作总是采取一种应付的态度，能少做就少做，能躲避就躲避，敷衍了事，实际就是在敷衍自己。

有时，你可能觉得老板是将你随便安排在一个岗位上，是在人才高消费。其实，公司作为一个追求营利的组织，在调配人力资源的时候，一般不会让员工去干他不擅长或不适合的工作。既然公司把你招进来了，就说明你是个人才，他们对分配给你的工作也寄予了厚望。所以，如果分配给你的工作与你当初想象的不一样，那也许是他们发现了你自己原来没有意识到的特长，对你来说，这也许是个新的机会。

许多职场新人都觉得"打杂"很没面子，不好意思对同学朋友讲真话。

其实，大可不必，"打杂"并不会有损于你的尊严。在那些成功人士的眼中，"打杂"可能就是"机遇"的同义词。

通过打杂，你可以慢慢熟悉公司业务的工作流程，并开始为自己将来从事具体业务收集基础信息。比如，你在为上司打字的时候，你就可以琢磨上司是怎么写合同和协议的；你可以利用收发国内外来往传真和整理档案的时候，开始学习业务知识，掌握做合同和谈判的流程与技巧。通过这样的"打杂"，你自己就可以慢慢摸索出其中的门道。将来一旦让你做具体业务，主动的你一定可以成为上司的得力助手。

机会空间来自自己的主动，主动的人是最聪明的人，是团队中最好的伙伴。永远要记住，主动精神是你最好的老师。在面对困难的时候，可以帮助你的是你自己的主动精神，而不是运气。

那些主动出击、善于创造机会和把握机会的人，才有可能从最平淡无奇的生活中找到一丝机会，用积极的行动改变自己的处境，使自己的人生之船到达理想的彼岸。

一般人常常认为，只要准时上下班，不迟到，不早退就算完成工作了，就可以心安理得地去领工资了。其实，工作首先是一个态度问题，工作需要认真和尽力，需要踏实和勤恳，更需要积极主动的精神。对公司和老板而言，他们需要的绝不是那种仅仅遵守纪律、循规蹈矩，且缺乏积极主动的员工。

许多公司都努力把自己的员工培养成对工作主动积极的人。因为只有这样的员工才勇于负责，有独立思考能力。他们往往会发挥创意，出色地完成任务。他们不墨守成规，不害怕犯错，不会像机器一样，别人吩咐做什么就做什么。

有一家兄弟三人，同时在一家公司上班，但他们的薪水并不相同：老大的周薪是350美元，老二的周薪是250美元，而老三的周薪只有200美元。做父亲的感到迷惑不解，便向这家公司的老总询问原因。

老总没做过多地解释，只是说："我现在叫他们三个人做相同的事，你只要在旁边看看他们的表现就可以得到答案了。"

老总先把老三叫来，吩咐道："现在请你去调查停泊在港口的船只，船上皮毛的数量、价格和品质，你都要详细地记录下来，并尽快给我答复。"

老三将工作内容抄录下来之后，就离开了。5分钟后，他告诉老总，他已经用电话询问过了，就这样，一个电话就完成了他的任务。

老总再把老二叫来，并吩咐他做同一件事情。一个小时后，老二回到总经理办公室，一边擦汗一边解释说，他是坐公交车往返的，并且将船上的货物数量、品质等详细报告出来。

老总再把老大找来，先将老二报告的内容告诉他，然后吩咐他去做详细调查。两个小时后，老大回到公司，除了向总经理作了更为详尽的报告外，另外又汇报说他已经将船上最有商业价值的货物详细记录下来，为了方便总经理和货主订契约，他已约货主第二天早上10点到公司来一趟。

在暗地里观察了三兄弟的工作表现后，父亲恍然大悟地说："再没有比他们的实际行动更能说明这一切的了。"

对于公司来说，一个善于思考的员工，要比一个只知干活而不知动脑的人更重要。注意观察市场、研究市场、分析市场、把握市场的人，才能成为不可替代的人。

积极主动是一种极其珍贵的素质，它能使你变得更加敏捷，更加能干。作为职场新人，你每天多做一点，上司和同事就会更关照你和信赖你，从而给你更多的机会，你就能从竞争中脱颖而出。生活是公平的，你流了多少汗水，就会有多少收获。当你斤斤计较，不肯做一点分外的事时，你往往颗粒无收。

职场必读

在竞争异常激烈的时代，被动意味着挨打，主动就可以占据优势地位。我们的事业、我们的人生不是上天安排的，而需要我们主动去争取。

遇到问题及时解决

工作中经常会看到一些人神色匆忙，做事情手忙脚乱，经常跟人抱怨说："怎么办？时间不够，完不成了，这事太急了。"他们真的有那么多急事吗？事实上，所有的"急事"都是由于拖延而造成的后果。

事情只有被决定下来，才可以开始执行，才能产生效果。如果没有决定下来，那么它只能是一个计划，一个设想，一份文件而已。所以，我们做事要当断则断，遇到事情要马上做出决定，应该做的就马上去做，不应该做的就马上放弃，把时间留给别的事情。那种犹犹豫豫，拖泥带水只能让我们浪费时间和错过时机。

成功者会遇见问题，失败者也会。面对问题，尤其发现问题到底该怎么办呢？有人害怕问题，装作没有看见，逃避问题。有的人沉溺于发现问题的成就感中，称赞自己的洞察力。有的人则会在第一时间采取措施，把损失降低到最低点。问题是人都会遇见的，决定你到底是一个成功者还是失败者的，是你在发现问题后如何对待。问题不会自动消失，逃避问题只能导致问题的积累，唯有解决问题才是智者的选择。

问题解决得越早，造成的伤害也就越少，后果的危险性也越小。问题出现若不立即解决，就会后患无穷，造成的损失需要浪费更多的时间和精力才能弥补过来，甚至根本就无法挽回。

出了问题是不能等的，也许别人有可能帮你解决，但不一定会赶在第一时间，如果错过了解决问题的最佳时机，后果将不堪设想。最好的办法是，一旦发现问题苗头出现，就迅速着手，不惜一切代价，将其解决，这是用最小成本解决问题的方法。

在工作中，没有谁能够避免问题的出现。或者说，风险是无处不在的，我们每跨出一步，就都有跌倒的风险。很多时候，问题发生的本身是不受我们控制的。那么，我们的主观能动性体现在哪里呢？体现在对于问题的解决上。

在解决问题时，我们要注意，不要单纯地解决一个又一个问题，而应该注意到问题中间去寻找原因，摸清其中存在的规律，同时举一反三，尽力避免问题的再次发生。人不能在一个地方重复跌倒。对一个想要成功的人来说，如何让同类问题不再在自己身上发生，是非常重要的。对问题的简单处理，对于解决当下的问题，可能是一个比较节省时间的方法，但若是不能杜绝同样的错误发生，你在将来会付出更多的努力和时间。

如果只是解决表面问题，下表面工夫，却不知彻底解决，无论你解决问题的速度多快，都是一种时间的浪费。

当一群人竞争的时候，哪种人能够获胜？当然是"出现错误最少的人"，那么，怎样才能减少错误发生的概率呢？

一个十分有效的途径，就是在问题出现的时候，不要满足于单纯地解决问题，而应该扩展视野，找到问题出现的深层次原因，杜绝类似问题的再次发生。

当一大堆事情出现在人们的眼前时，最重要评价的是，这件事情干得好还是不好。有的人完成的事情，甚至连细节都无可挑剔；有的人，仅仅是保证事情大体上过得去，至于细节，简直都是惨不忍睹；还有的人呢，基本上连完成事情都做不到。

失业后，松下幸之助去一家电器公司求职。身材瘦小的松下来到公司人事部，主管见他个头瘦小而且衣冠不整，不便直说，就随便找了个理由对他说："我们现在不缺人，你过一个月再来看看吧。"

一个月后，松下真的再次来到了这家公司。那位人事部主管见到他之后，借口没有时间没有接待他。

过了几天，松下又来了，负责人很不耐烦，挑剔松下衣冠不整。

松下回去借钱买了新衣服，穿戴整齐之后又来到这家公司。主管这次又以松下对电器知识了解得少为由，再次拒绝了松下的求职请求。

没想到的是，两个月后，松下又来了，这一次，他已经做了很充分的准备，下功夫学了不少电器方面的知识。这一次，松下主动对主管说："您看，我在哪个方面还有差距，我再一项一项来弥补。"这位人事主管被松下的耐心和韧劲征服了，终于招收了松下。

松下的这种求职方式，是非常有借鉴意义的。别人总能发现他的问题，他也总能不断改正。最后凭着坚忍不拔的毅力，松下找到了工作。

在职场上，每个人都会遇到不同程度的问题，这些问题不管是自己发现的，还是别人指出的，都要立即将其改正，这样你才能为自己赢得成功的机会。

职场必读

问题解决得越早，所造成的损失就越少。我们想要在职场上做出业绩来，就要克服拖延的毛病，让自己动起来，投入到紧张而忙碌的工作中。这样，我们才会在工作中有所收获，才会在职场上实现自己的人生价值。

团队，发挥 1+1 ＞ 2 的作用

　　没有完美的个人，只有完美的团队。只有在团队中，个人才能使自己的弱点和劣势得到弥补。充分利用每个人的优点和优势的互补效应，团队可以将事情得到更高效和更完美的解决。

个人在团队中实现完美

一个人如果不能很好地融入团队，就会像离开大海的水一样迅速干涸。只有全身心地融入团队中去，成为团队的一部分，才能最大限度地实现自身的价值。

在我们工作的每一个领域，存在一些相对出色的个人，他们拥有过人的天赋和才能，在自己的领域达到了别人难以企及的高度。在一般人眼中，他们也许是"完美"的，然而事实往往并非如此，他们的"完美"有时候反而会成为所在团队的麻烦。

在团队中，个人或许起到了重要的作用，但个人英雄主义是一定要杜绝的。球队获胜的关键，在于成员之间的配合和默契，而不是一两个所谓的"明星"球员。乐团如果想要走得长远，就一定要注重成员之间的平衡，而不是只突出某一个成员的才华和技巧。作为团队的一员，不要只想着展现自己的实力，而是要具有整体意识和大局观，更好地服务于整个团队。

现今的工作大都是程序化的工作，每个人都有各自不同的领域。学会与他人互相配合，是每个员工必备的素质。如今，越来越多的公司把是否具有团队协作精神作为招聘员工的重要标准。工作能力强，具有团队协作精神的员工，是公司高薪留用的对象；而一个不肯合作的"刺儿头"，势必会遭到公司的拒绝。

对于一个公司来说，如果只是强调个人的力量，即便是表现得再完美，也很难创造出很高的价值。只有当大家团结协力，才能将价值发挥到极致。

任何一个员工即便是拥有过人的能力，当其面对烦杂的工作时，也会力不从心，无法取得优异的成绩。当所有人都联合起来时，就可以把无数的力量聚集在一起，就能够迸发出惊人的能量，从而战胜各种困难。因此，在职场中，没有完美的个人，只有完美的团队。只有将个人彻底融入团队中，才能在团队的发展中实现自身的发展。

无论你从事何种职业，何种工作环境，只有拥有完美的团队，才能够取得巨大的胜利。或许在企业创立初期，公司的发展可能会依靠优秀的老板和员工的努力，但是随着公司的发展，如果决策还只是依靠个别人，优秀的人不能融入团队中，那么整个公司就会面临"干涸"的局面。

无论你有多么的优秀，即使你能够一手撑起一家公司，但你也不可能一直单打独斗。更何况"人无完人"，每个人都有自己不足的地方，每个人的精力也都是有限的。因此，只有依靠团队合作，发挥团队的力量，才能够实现企业的发展、个人的发展。

在一家跨国公司的招聘中，九名面试者从中脱颖而出。老板看过这九个人的详细资料，可以说这九个人都是百里挑一的优秀人才，然而公司只能录用三个人。因此，老板给大家出了最后一道题：将这九个人随意地分成三组，第一组的三个成员去调查婴儿用品市场；第二组的三个人去调查妇女用品市场；第三组的三个人去调查老人用品市场。

临出发之前，老板对他们说："我们现在招聘的人是用来开发市场的，因此，我要看看你们对市场的观察力，希望你们每个人都能够全力以赴。为了避免你们盲目开展调查，我已经让秘书准备了一份相关行业的资料，走的时候自己先到秘书那里取一下。"

两天之后，三个小组的人都回来了。他们将自己的调查报告交给老板，老板一一过目之后，直接走到第三小组的三个人面前，面带笑容地和他们一一握手，并说道："恭喜三位，你们被录取了。"

其他两个小组的六个人疑惑地看着老板，他解释道："我让你们每个小组去调查一个问题，但是每个小组中每个人的问题又是不一样的。比如说，调查婴儿用品市场的那一组，你们三个人中，一个是过去，一个是现在，还有一个是将来。但是你们几个人都是各顾各自的事情。而第三组的成员则是相互参考了对方的资料，补充了报告中的不足，因此，他们的报告是最完美的。"

显而易见，老板之所以会出这样的问题，无非就是想锻炼一下他们的团队合作意识。如果一个人抛开团体，自己去做自己的事情，即便是做得再完美，也有不足之处。而只有当大家团结合作时，才能够将工作做得更加完美。

在公司里，冯英不仅拥有出色的学历，而且在工作上也做出了很多成绩。按照他的才能，早就应该晋升到更高的职位，可是，事实却并非如此，那些能力比他差的人都得到晋升，而冯英却一直停留在原位。

原来，冯英做事喜欢独来独往，不能和同事很融洽地相处。当同事需要协助时，他不是拒绝就是敷衍，而他也很少向其他同事求助，宁可事事亲力亲为。

遗憾的是，冯英并没有意识到自己的问题，反而认为自己的才华没有得到老板的足够重视。终于有一天，老板从大局出发，决定辞去他的职务。他不解地问："老板，如果我离开公司，你难道一点都不会心痛吗？"

老板回答说："我当然会心痛，因为我将失去你这样一个有能力的人，但是如果你伤害到我的团队，我一定会让你离开。"

在这个团队制胜的年代，单打独斗的招式已经过时，只靠提高员工个人能力的方法，在今天已经没有生命力了，而团队精神才是一个企业真正的核心竞争力。整个团队的兴衰，与团队中的每个人都有着密不可分的联系。每个人成功的背后，都离不开团队的支持；而每个团队的成功，也是全体成员齐心协力的结果。

　　现在的社会竞争前所未有地激烈，一个缺乏团队意识，不懂得互助和协作的人，即使有着超强的能力，也难以在工作中更好地发挥出自己的优势，甚至难以在职场中立足。抛弃了团队精神，就意味着抛弃了更好地实现自身价值的机会，团队固然要为此承担风险，但损失最大的无疑是你自己。

　　对于团队中的每个人而言，没有你我，只有我们。只有所有人都向着同一个目标前进，为团队做出力所能及的最大贡献，我们才会距离成功更近。当团队收获了荣誉和成就，我们每个为之付出过努力的人，也将最大限度地实现自身的价值。

> **职场必读**
>
> 　　一个人再完美，终究不过是一滴水，只能泛起美丽的浪花，终究无法波涛汹涌。只有将一滴水放入到大海中，才能形成气势，才能有惊涛拍岸的景象。

团队的事就是个人的事

　　优秀员工以一种公司主人的心态工作，而不是把自己当成公司的"仆人"。他们觉得自己并不单纯为别人工作，而是在为自己工作，并为此快乐着。由于他们把公司的事当成自己的事来做，做事的态度、方法和效率大不一样。

　　刘新应聘到一家培训公司。这家公司一直处于亏损状态，公司包括老板

只有三个人。刘新想，既然来到了这个公司，就要为公司服务，只有大家努力，就一定可以使公司从困境中解脱出来。

这种强烈的责任感、归属感使他主动找到老板。两人通过商量，觉得首先应该改变经营方向，因为一个培训机构的生命力在于其不断创新的公司需求。他们觉得从原先单一的即兴演讲培训课题上增加几个企业迫切需求的课题。

新课题推出后，很受企业欢迎，公司也很快扭转亏损局面。现在，公司已发展成了30多人的知名培训机构，而刘新也成了这些人的领导。

作为员工，多为公司着想，把公司的事当成自己的事，你的努力是不会白费的。当具备这样的意识后，你将会慢慢从中获得回报，你的老板也会信任并且重用你。

我们每个人的生计和前途与企业的生存和发展息息相关。如果我们缺乏主人翁意识，处处以个人或个别部门为重，只把自己看成一个打工者，只干领导交办的事情，对工作敷衍了事，那么整个企业的命运就会变得扑朔迷离，个人的职业前途也会受到严重的影响。

表面上，我们每个人在工作中的全部努力是为老板或公司；实际上，我们却是在为自己的生存和前途打拼资本。我们所有的一切，要靠自己的工作业绩来换取。就连个人在公司的地位升迁、人格的提升和品行锻造，也无一不是努力工作的结果。

在工作中，我们碰到一些不是自己岗位职责范围内的事务，但只要事关公司利益和团队利益，就不能置身事外，而应积极、主动地为公司处理好这些事务。

一位年轻的工程师在一家跨国公司工作。一天早上，他到一家电器城去购买家电。正当他在挑选的时候，无意中听到有人抱怨他所服务的公司服务差劲极了。那个人越说越起劲，结果有八九个人都围过来听他讲。

当时，他正在休假，他自己还有工作要做，老婆又在等他回家。他大可以置若罔闻，只管自己的事，可是他却走上前去说："先生，很抱歉，我听到了你对这些人说的话，我就在这个公司工作。你愿不愿意给我们一个机会改善这个状况？我向你保证，我们公司一定可以解决你的问题。"

那些人都非常惊讶，工程师当时并没有穿公司的制服。他掏出手机，打了个电话回公司，公司立即派出修理人员到那位顾客家中去等他，帮他把问题解决，直到他满意。

回去上班后，他还打了个电话给那位顾客，确定他对一切都心满意足。工程师事后受到了公司领导的嘉奖。

把公司的事当成自己的事来做，是为自己未来的事业负责，这样就会提高对自己的要求，为自己设置一个更高的标准。总有一天，我们所付出的一切努力会得到回报。

团队协同和完美配合已成为企业赢得竞争胜利的必要条件。任何一家优秀的企业都非常推崇团队协作精神。作为团队中的一分子，我们唯有彼此扶持、彼此帮助，才能最终实现个人前途与企业共同发展的"双赢"。

在现实工作中，缺乏团队合作精神的现象并不少见，"一个和尚挑水吃，两个和尚抬水吃，三个和尚没水吃"的故事广为流传就是一个明证。同样，缺乏团队合作精神，也让许多企业的员工付出了代价，他们虽然也在职场上全力打拼，但常常疲于奔命，毫无收获。

普斯坦认为自己在程序设计方面颇有天分。对于这一点，在迈入TG公司的总部大楼，成为其中一员的那天起，他就没有产生过丝毫的怀疑。果然，进入TG五个月，普斯坦在工作中的表现非常突出，让同时期进入TG的其他员工都望尘莫及，甚至有些资深员工也无法真正与普斯坦的能力相抗衡。

普斯坦每次都能够按计划、保质保量地完成各项任务。那些在别人手中难以攻克的头疼问题，只要到了普斯坦手里，十有八九会迎刃而解。普斯坦游刃有余的技术能力不仅得到了同事们的充分认可，而且得到了上司的肯定。

面对这样一片"大好形势"，普斯坦暗自窃喜，认为自己的职场初步目标很快就会达成了，相信自己很快就会被提升为项目主管。

不久，公司又推出了一个新的研发项目。普斯坦觉得，这个项目的研发主管的位置非己莫属，因为，在公司整个研发部的职员当中，自己的业绩是最优秀的。

然而，无情的事实却击碎了他一厢情愿的想法。普斯坦没有荣升主管，一名业绩中上水平的同事成了新项目的负责人。

这样的结果让他感到震惊，更感到百思不得其解，自己究竟有什么地方做得不够？在TG这样著名的公司，难道业绩还不足以说明一切吗？

在困惑、愤怒之下，普斯坦找到了老板杰森问个究竟。杰森微笑着说："首先，我必须肯定你个人的工作业绩是绝对出色的，这也正是我当初把你列为考察对象的主要原因。可是，经过考察，我发现你有一个很大的缺点，这也正是你这次落选的原因。"

原来，老板一直在暗中观察普斯坦，发现普斯坦除了埋头自己的工作以外，从不关心其他事情；不喜欢和大家交流，有同事向他请教问题，也总是爱答不理的。另外，普斯坦还经常以各种借口拒不参加公司举办的各种集体活动。

在这样一个讲团队精神的时代，没有一位老板愿意把晋升的机会给予那些对集体业绩漠不关心的人。

在许多企业领导的眼中，想要晋升的员工必须具备凝聚人心的团队精神。一个人再能干，如果缺乏团队精神，总是独来独往，唯我独尊，必定会陷入自我的圈子里，难以与周围的同事融洽相处。这样的员工，在公司里面起的作用是非常负面的。要知道，一滴水要想不干涸的唯一办法就是融入大海，一个员工要想生存的唯一选择就是融入团队。

职场必读

优秀的员工关心企业的发展，视企业利益高于一切。他们不会计较公司给予自己什么，而是问问自己为公司创造了什么。他们摒弃了消极的打工心态，把公司的事当成自己的事来做。

与同事合作共事

在公司中，我们经常会发现这样的员工：他们为了自身的利益，常常不顾团体的发展，工作的时候只是一味地想着自己，不会帮助同事进步，这样的员工不仅得不到领导的青睐，最终还会损害到自己的利益。

毕业之后，小胡在一家单位做技术工程师。由于专业技术学得非常好，小胡在试用期中脱颖而出，深得经理的喜爱。三个月后，小胡成为公司的正式员工。

小胡的确是一个出色的人才，过硬的技术得到了所有人的认可。每次分配的任务，他都完成得非常漂亮。不仅如此，即便是再复杂的工作，到了他的手里，也就成为小菜一碟了。经理看到小胡的表现，十分满意，有意要重用这个小伙子。

然而，在接下来的日子中，经理逐渐改变了以往的看法。经理看到小胡的表现之后，就十分注意小胡的工作。有一次，经理发现小胡将一件难度非常大的工作完成之后，有个同事过来向他请教，而小胡则是支支吾吾地走开了。

此后，经理发现小胡并不像原先想象得那么完美。他不但对自己的技术保密，甚至当同事有了困难，小胡也不会主动帮忙，公司一举办什么团队活动的时候，小胡不是找借口拒绝就是单独行动。

发现了小胡的行为之后，经理大为震惊，于是就将小胡找来进行谈话。孰料，小胡不但没有认识封自己的错误，反而振振有词，说什么团队只会束缚自己的发展，并且自己不依靠团队也能将工作做得很好。

此后小胡一如既往地工作，半年之后，小胡渐渐地觉得工作有些力不从心了。一年之后，小胡惭愧地离开了公司。

明明是一个优秀的员工，拥有高人一等的能力，却唯独不懂得团队合作的道理。一个人无论有多么的强大，终究只是一滴水。只有将自己融入大海中，才不会枯竭，才能掀起惊涛骇浪。在职场中，一个人只有融入团队中，融入公司中，才能更好地发挥自己的才能，才能创造出更大的价值，才能受到企业的青睐。

任何一个员工，取得业绩的大小和他所处的集体有着密切时关系。也就是说，他的成功离不开集体每个人的配合、支持和协作。公司在提升某个员工的时候，除了要参考他的综合能力和业绩之外，还要参考他在团队中所发挥的作用，看他是否能为企业的整体利益来有效的协调、沟通其他部门，或是帮助同事积极地发挥自身的特长，以保证公司和个人利益的最大化。

在当前职场中，有些人信奉个人主义。他们普遍认为凭着自己的力量就可以在职场中纵横，团队对于他们来说，是可有可无的。甚至有的人认为，团队会束缚个人的发展，成为自己发展的绊脚石。

这种没有团队意识、只顾开拓自己成功之道的职场人士，不但难以实现自己心中的抱负，而且没有资格成为合格的员工。

在如今的时代，很多公司的老板越来越重视具有合作意识、能够帮助别人的员工了。公司现在最需要的不仅仅是尖端的高科技人才，更重要的是一种具有合作意识、能够帮助别人的好员工，这样的员工才能尽快地将自己融入公司中，才能为公司提高工作的士气。

我们每一个人都会处在各种各样的团队中，与同事在一起共事，既是事业的需要，也是难得的缘分。"金无足赤，人无完人"，每个人的阅历、知识、能力、水平、性格各不相同，相处久了，难免有些磕磕碰碰，但只要是不违反原则，就应从维护团队利益出发，求同存异，坦诚相见，在合作共事中加深了解，在相互尊重中增进团结。

于森是一家公司的业务骨干。他喜欢看书，但同事们业余时间都喜欢打游戏、追剧、刷视频等。于森虽然业务能干，也出了不少成绩，但因为和同事没有共同兴趣和爱好，也就显得有点孤单。

于森表面上没有表现出什么，但他的心里始终快乐不起来。单位上业务技能不如他的或工作干得很差劲的人，因为和同事相处和谐，反而慢慢提拔上去了，于森却落了个清高、孤僻的评价。

失意之下，于森开始反省自己，也许自己是傲了点，这样就无形中和同事拉开了距离。仔细分析人和事之后，他渐渐开始明白，每个同事都有自己可学习的地方，自己不是什么大树，只不过是一颗小石子，都是给工作铺路的。于是，于森开始有意改变自己，温和地听同事讲述身边发生的事，对同事谦和有礼。虽不迎合同事的爱好，不迎合同事的生活内容，但他明显地快乐多了、开心多了。他在包容中找到了快乐工作之道。

有一次，于森参与公司的一项策划工作。在工作小组里，大家各负其责，有的负责评估，有的负责查找资料，还有的人负责外联和写报告。大家分工合作，几天内就搞定了一份30多页的报告。报告得到了客户首肯时，于森这才真正理解了老板常说的那句话："尽管每一个人都是最好的，合抱在一起，才会更好。"

无论是初涉职场的"新手"，还是跳槽到新工作单位的"老手"，往往都会发现，身边并非都是同龄人。年龄、文化背景、职业经历不同的人在一起共事，对同一个问题，常常会产生差异极大的看法，以致引发不同程度的争论，稍不小心就容易伤了同事之间的和气。为了达到共同的团队目标，彼此就应该抱着求同存异的态度来处理。

每个人其实都愿意和不同性格的人和谐、美好相处共事。然而，在现实中，却往往事与愿违，要达成这一愿望也并非容易。我们常常会看到，有些同事、上下级之间闹矛盾、犯别扭，不是因为思想观念上有分歧，也不是由于个人道德品质方面有问题，完全是因为性格、脾气和爱好上的差异所造成的。所以，与不同类型的同事和谐相处，我们就必须要有一双善于发现的眼睛，用心去发掘与同事们的相通之处，这是一种积极主动的方法。

有的员工有一种认识上的误区：别人不同意我的观点就是和我过不去，就是为难我。被别人否定了观点之后觉得很没面子，甚至像受到侮辱一样。其实，当我们把观点和个人分开来看的时候，会发现自己一下子理智了很多，讨论起来也会更心平气和。一个人的意见和见识毕竟有限，只有放开胸怀才能开阔眼界，收获更多观点。

总之，在职场上获得成功，不但自己独立工作的能力要强，还要学会团结周围的同事一起做事，这样才能求同存异，共生共长，赢得老板和同事的尊敬。

职场必读

良好的同事关系是发挥团队精神的前提。一个强大的团队，不能靠一己之力，更不可能一味地迁就个人，讲究的是成员间的求同存异、相互磨合。

帮人也就是助己

　　自古以来我国就有助人为乐的传统美德。在职场中更是如此，只有积极主动地帮助别人，才能够建立良好的人脉关系，才能够成就自己的口碑，才能得到更多人的帮助。

　　众所周知，在职场中，很多工作是需要大家一同完成的，只有大家彼此相互协调，才能将工作做得更加完美。然而在很多时候，有些员工往往只偏重于自身所做的那一部分工作，专注自己的利益，而对其他人的工作漠不关心，更不用说他人或者团队的整体利益了。

　　江敏毕业之后在一家广告公司就职，主要负责广告的策划方案。一次，经理交给江敏和另外一个同事一个重要的任务，让他们两个人为一家知名啤酒做广告策划。

　　在这项工作中，江敏负责广告的策划方案，另外一个同事则主要负责广告中的图片设计。接到工作之后，江敏就马不停蹄地展开了工作。为了提出一套最佳的方案，江敏经常是加班加点，有时甚至熬夜到很晚。功夫不负有心人，一周之后，江敏终于拿出了一套较为满意的企划方案。

　　做完自己的工作之后，江敏特别有成就感，以为会得到合作方的大力赞扬。上班的时候，江敏正在悠闲的喝茶，老板走过来问："你们那套方案做得怎么样了？"江敏回答："我的那一部分工作做完了。""你怎么不去帮帮和你合作的同事呢？你们两个是一体的。"经理又问道。"可那又不是我的工作啊……"

　　江敏一副满不在乎的样子。过了两天，那位同事来找她，说为了达到更好的效果，希望商量着将企划方案的个别部分再修改一下。江敏非常生气地说："我的企划方案已经是最完美的了，你的图片是你的事，和我无关！"

当他们将完成的工作交给经理时，经理看了看就给驳回来了，说是不够完美。这时，江敏才认识到自己的错误，回来之后又重新积极地投入到两个人的合作中。

在现代职场中，很多人都只是闷头做自己的事情，认为他人和自己无关。这些信奉个人主义的职业人士，在工作中不但没有团队意识，更不会从集体的利益出发，也不会主动帮助别人，这样的员工在职场中注定不会拥有任何成就，也不会得到老板的重用。

不论一个人的能力有多么大，都不应该忘记工作的团队。那些只考虑到自己利益、不顾其他同事利益的人，注定要成为职场中的失败者。

不论是两个人相互合作工作的时候，还是其他的时候，每个人都会遇到各种各样的困难。只有我们及时伸出热情的双手，才能够收获到意想不到的结果。

在我们工作的过程中，常常会遇到困难，这时我们的心里或多或少会有一种寻求帮助的渴望。但是当身边的同事遇到困难时，我们是否曾经伸出过援助之手呢？或许此时我们心中的"小我"会说：多一事不如少一事。但我们是否知道，很多时候，我们在帮助别人的时候，其实就是在帮助自己。

一位商人夜间赶路。路上漆黑一团，他走得跌跌撞撞，看不到前进的方向，心里懊悔自己出门时为什么不带上照明的工具。忽然前面出现了一点灯光，他渐渐地靠近灯光时，才发现提灯的是一位盲人，为他照亮了前面的道路。

商人很感激这位盲人，但他大为不解，于是问那个盲人："您既然看不到，那提灯又有什么用呢？"盲人回答："我虽然不能用灯照明，但可以为别人照亮，也让别人可以看到我，这样，他们就不会因为看不见我而撞到我了。"商人听了，顿有所悟。

在工作中，个人的力量总是单薄的和渺小的，任何一个人都离不开他人的帮助。在前进的路途上，帮助别人照亮漆黑的路，为他人带来了方便，其实也是在间接地照亮自己，帮助自己。

在这样一个强调团队精神的时代，同在一个办公室里工作，为了一个共同的目标，感受同一种压力，其实我们谁也不能离开别人的配合、支持与帮助。以销售人员为例，虽说是一个人在外面推销产品，其实背后有一个庞大的团队在帮助他支持他：研发人员、生产人员、技术服务人员……

只有拿出合格的产品、质量过硬的产品，销售人员才能把业绩做得很好。而反过来，研发人员在实验室工作，他们不直接接触客户，跟市场有一定距离，因此也不了解社会上的需要。但业务员却是面向一线的，他们最了解市场需要什么，他们把信息反馈回来，就能促进技术的提升和新产品的研发。

我们要想摘取树上的果实，就必须先要给树浇水、施肥；我们要想在工作上干出成绩，就必须先要付出心血和汗水；我们要想得到别人的帮助，就必须先要去帮助别人。

个人的成功是建立在团队成功的基础之上的，如果公司没有效益，得不到发展，我们也不可能得到长足的发展和进步。

做了一年的市场专员之后，由于小何业绩突出，被升任为分公司的经理。当时，分公司之间是有竞争的，但小何并没有把自己仅仅定位在一个分公司的经理上。他想，如果我是公司总裁的话，那我肯定希望所有分公司的业绩都很出色，所以他毫不保留地将自己的成功经验拿了出来，介绍给其他与自己有竞争关系的分公司经理们。

表面上看起来，小何好像吃亏了，自己辛辛苦苦换来的成功转眼就拱手送给别人了。但在他的帮助下，小何的上司，也就是公司的副总裁得到了提升，因此这个位置就空了出来。就这样，小何很快就被提拔为公司副总裁，又一次实现了职场上的飞跃。

经理人的升迁机会，一定不是把上司从高位上拽下来实现的，而是要帮助上司晋升到更高的位子上，自己坐到他现在的位子上去。这样，你在帮助领导成功的同时，其实就是在帮助自己成功。

在能力范围内，主动帮助同事，是累积人际资产的双赢方法，日后帮你的人也愈多。如果在一个工作环境中，大多数人都明里暗里地帮你，为你扫平障碍，你的前途必定一片光明。在职场上，帮助别人就是强大自己，帮助别人也就是在帮助自己。

职场必读

在企业的发展中，非常需要舍己为人、帮助别人的员工。通常，这样的员工不仅会把自己分内的事情做得最好，还乐于帮助团队中的其他成员，自然也会被领导委以重任。如果你想在职场中获得成功，就要成为这样的员工。

远离个人英雄主义

现代企业的运作规模越来越大，涉足的行业面越来越宽，聘用的员工越来越多，所面临的环境和问题也随之而变得更复杂。面对难以预见的大量问题、错综复杂的各种关系，已不是个人凭一己之力就能应付得了的。

能否"崇尚团队合作，善于与他人合作"也就随着形势的发展，被越来越多的现代企业作为招聘员工时对员工素质的衡量指标。

没有团队意识的人，有再好的能力也难以把自己的优势在工作中淋漓尽致地发挥出来，甚至难以在职场上立足。单独的一滴水无论放到哪里都只是一滴水，还很容易被蒸发，而它融入大海里就可以跟着更多的水滴共进退，从而发挥出巨大的能量。

有个年轻的大学生应聘到一家公司，上班的第一天，老板就分配给他一项任务：为一家知名企业做一个广告策划方案。

这个年轻人见是老板亲自交代的，不敢怠慢，就埋头认认真真地做了起来。他不言不语，从早到晚，一个人摸索了半个多月，也没有弄出个眉目来。显然，这是一件他难以独立完成的工作。其实，老板交给他这项工作的目的就是为了考察他是否有合作精神。

很多职场中人就像这个年轻人那样，只工作不合作，宁肯一头扎进自己的专业中，也不愿与同事交流、协作。这样的人就算你才华横溢、无所不能，但想靠单打独斗达到事业的顶峰也是不可能的。

彼此协作是生存的根本，无论对于个人还是企业，忽视协作的价值，缺乏协作精神，都无异于自断筋脉。管理大师杜拉克说："组织团队的目的，在于促使平凡的人，可以做出不平凡的事。"团队成员中的每个人都具有自己独特的一面，通过取长丰随、互相合作所产生的合力，要大于两个成员之间的力量之和。

一个职场人士是否具有团队合作精神，将直接关系到他能否取得更大的成功。作为职场中的个体，一个人虽然可以凭借自己的能力取得一定的成绩，但如果把自己融入整个团队中去，依靠集体的力量，则可以取得更大的成绩。

聪明细心的员工会在与大家合作的过程中，发现自己的不足和别人的长处，取长补短，虚心向周围的人学习，同时也会为了共同的团队目标而改变自己的缺点和不足，让自己变得更加优秀。虽然每个人都有一些个人英雄主义的色彩，但只有通过与别人的合作他才能达到个人的成功。我们要知道：没有成功的个人，只有成功的团队。失败的团队里没有胜利者，成功的团队里个个是赢家。

对于职场人士来说，面对分工日益精细、技术管理日益复杂化的情况，个人的力量和智慧都已经变得苍白无力。作为一个个体，即便是拥有过人的智慧和能力，也很难创造出令人满意的结果。相反，只有依靠团队，才能够借助团队的力量克服眼前的困难，取得成功。

然而，在现实的职场中，很多员工却都信仰个人英雄主义，他们片面地认为凭借自己的力量就可以在职场中纵横，取得令人瞩目的业绩。可往往事与愿违，这些信奉个人英雄主义的职场人士，往往被现实中存在的困难打得一败涂地，辉煌的业绩更是无从谈起。

邓军是一家营销公司的营销员。他所在的部门曾经因为十分具有团队精神而创造过奇迹，并且部门中每个人的业务成绩都非常棒。然而，当邓军进入公司之后，一切合作的气氛都被搞坏了，更严重的是业务都无法开展。

邓军从小就崇拜个人英雄主义，凡事特别爱显摆自己。进入公司工作之后，他依然没有改变自己的做法。

有一次，公司的高层将一项十分重要的项目给了邓军所在的部门。领导一再强调："你们一定要好好商量一下，拿出一套切实可行的方案。"

邓军所在部门的主管接到这个任务之后，迅速召开了部门会议。在会议上，大家畅所欲言，每个人都提出了自己的想法，但由于事关重大，主管一时之间也难以决定谁的方案好。就在此时，邓军认为主管是多此一举，并觉得自己的方案已经是非常完美了。

于是，为了表现自己的能力，邓军没有和主管商量，便拿着自己的方案去找经理了。在经理面前，邓军直言不讳地说："我愿意承担这项任务，这是我做的方案，我对这个方案有十足的把握。"

邓军的这种做法，不但伤害了主管，也破坏了整个团队的合作氛围。结果，当经理让邓军和主管共同操作这个项目的时候，两个人在方案上有了很大的分歧，无法进行，最终导致项目"流产"了。

只有摒弃"独行侠"的思想，把自己融入团队中，在团队中扮演好自己的角色，才能取得成功。否则，如果只工作不合作，一头扎进自己的专业中，不愿意和同事进行交流，想依靠自己的单打独斗把事业推到顶峰是不可能的。

在职场中，任何一个人都无法做到完美，不论自己有多大的能力，在巨大、复杂的工作面前都是渺小的，单凭一个人的努力是无法促进公司发展的。在如今社会中，所有的老板都不喜欢"独行侠"的员工。

一个对自己所在团队负责的人，其实无疑是在对自己负责，因为他的生存离不开这个团队，他的利益是和团队密切相关的。这好像，一个水域的环境和条件，直接决定着在这一水域中的鱼类的生存状况。只要我们在这个团队中待一天，我们就应对这个团队负有一天的责任。你的团队需要你，而你自己更需要立足于你的本职工作，不懈地努力。

也许，团队中存在着分配不均的现象，但是，这种现象的改变非一朝一夕之事，努力工作，优劣自有评说。与其在谩骂和懈怠中浪费自己的时间，钝化自己的才干，不如在与人合作中发挥才干，使自己通过各种项目的锻炼逐渐成为某个领域的专家。这样，当你转到一个新的合理的工作环境时，就能如愿地得到更多的回报；否则，只会追悔莫及。

保证你事业有成的方法之一是让与你共事的人喜欢你、欣赏你。只有善于合作，你周围上上下下的人才会希望你成功，并且尽他们最大的努力来帮助你实现你的目标，同时也实现他们的目标。在团队成员的帮助下，你就能最大限度地发挥自己的才能，并成为举足轻重的成员。

职场必读

一个业务专精的员工，如果仗着自己比别人优秀而傲慢地拒绝合作，或者合作时不积极，总倾向于一个人孤军奋战，这是十分可惜的。其实，他可以借助其他人的力量使自己更优秀。

培养团队合作精神

团队精神的集中体现就是大局意识、协作精神和服务精神。团队精神要求团队成员有统一的奋斗目标或价值观，而且需要信赖，需要适度的引导和协调，需要正确而统一的企业文化理念的传递和灌输。团队精神强调的是组织内部成员间的合作态度，为了一个统一的目标，成员自觉地认同肩负的责任，并愿意为此目标共同奉献。

尊重个人是团队精神的基础，协同合作是团队精神的核心，而向心力和凝聚力则是团队精神的最高境界。团队精神的形成并不要求团队成员牺牲自我；相反，挥洒个性，表现特长更有利于成员共同完成任务目标，而明确的协作意愿和协作方式则产生了真正的内动力。

团队精神是企业文化的一部分，良好的管理可以通过合适的组织形态将每个人安排到合适的岗位，充分发挥集体的潜能。如果没有优秀的企业文化，没有良好的从业心态和奉献精神，就不会有团队精神。

其实，团队精神就是团队的成员为了团队的利益和目标而相互协作、尽心尽力的意愿和作风，是将个体利益与整体利益相统一、从而实现组织高效率运作的理想工作状态，是高绩效团队中的灵魂，是成功团队中不可缺少的特质。

在竞争激烈的年代，组织中的每个成员，若想把工作做好，想获得成功，首先就要有团队精神，想方设法尽快融入一个团队，了解并熟悉这个团队的文化和规章制度，接受并认同这个团队的价值观念，在团队中找到自己的位置，从而履行自己的职责。

一个人只有把自己融入集体中，才能充分实现个人的价值，绽放出完美绚丽的人生之花。认识自己的不足，善于看到别人，尤其是同事的长处，是具有良好的团队精神的基础。

对于一个集体、一个公司，团队精神都是非常重要的。微软公司在做产品研发时，有超过3000名开发工程师和测试人员参与，写出了5000万行代码；如果没有高度统一的团队精神，没有全部参与者的默契与分工合作，研发工程是根本不可能完成的。

能否与同事友好协作，以团队利益为重，已成为现代企业招募人才重要的衡量标准。

一家具有国际影响公司的总经理接受记者采访时说："我们有一套非常严格的招聘员工标准，其中最首要的是具备团队协作精神。如果一名应聘者缺乏团队协作观念，即使他是天才，我们也不会录用。因为在现代企业中，我们需要不同类型、不同性格的人共同努力，团结奋进，把各自的优势发挥到极致。一家企业如果缺乏团队协作精神是难以成功的。"

作为团队中的一个分子，如果不融入这个群体中，总是独来独往，唯我独尊，必定会陷入自我的圈子里，自然无法得到友情、关爱和同事的尊重。一个具有独立个性的人，必须融入群体中去，才能促进自身发展。

你要真诚平等地与人相处，对待每个人，不管他是普通同事还是你的上司。你周围的每个人都可能对你的事业、前途产生关键性影响，不仅限于主管和公司高层，而且你的和善友好会给团队带来一般轻松快乐的气氛，可以使同事们感到愉快，从而提高士气。

在专业化分工越来越细、竞争日益激烈的今天，靠一个人的力量是无法面对千头万绪的工作的。一个人可以凭着自己的能力取得一定的成就，但是如果把你的能力与别人的能力结合起来，就会取得更大的、令人意想不到的成就。

一个哲人曾说过：你手上有一个苹果，我手上也有一个苹果，两个苹果加起来还是两个苹果。如果你有一种能力，我也有一种能力，两种能力加起来就不再只是两种能力了。

一个人是否具有团队合作的精神，将直接关系到他的工作业绩。你认真想想自己有没有这样的表现：遇到困难喜欢单独蛮干，从不和其他同事沟通交流；好大喜功，专做不在自己能力范围之内的事。一个人如果以这种态度对待所在的团体，那么其前途必将是黯淡的。只有把自己融入团队中去，才能取得大的成功。

如果一个人在工作中只看到自己的利益，忽视团队的利益，缺乏团队精神，是无法在现代企业里立足的。如果哪个人仗着自己比其他人优秀而傲慢地拒绝与同事合作，或者找各种借口，没有积极的合作意识，总是自己一个人在孤军作战，那是十分可怕的事情。一支足球队，如果只有个人精神，便永远没有胜利的可能。所以说，没有团队的成功，就没有个人的成功。

也许你现在才明白和团队并肩作战的必要性和重要性，那就请你不要犹豫了，赶快与你的团队同命运共患难吧！

职场必读

一加一等于二，这是人人都知道的算术题，可是用在人与人的团结合作上，所创造的业绩就不再是一加一等于二了，而是一加一大于二。

激情，不断进取的源泉

有了激情，员工可以释放出巨大的潜在能量，并发挥出自己的优势；有了激情，员工可以把枯燥的工作变得生动有趣，使自己充满对工作的渴望，对事业的狂热追求；有了激情，员工可以得到老板的提拔和赏识，获得更多的发展机会。

激情是工作的灵魂

在所有伟大成就的取得过程中，激情是最具有活力的因素。每一项改变人类生活的发明、每一幅精美的书画、每一尊震撼人心的雕塑、每一首伟大的诗篇以及每一部让世人惊叹的小说，无不是激情之人创造出来的奇迹。最好的劳动成果总是由头脑聪明并具有工作激情的人完成的。

一个人如果仅仅是勉强完成职责，那么，他做起事来就会马马虎虎，稍遇困难就会打退堂鼓，很难想象这样的人能始终如一地高质量地完成自己的工作，更别说能做出创造性的业绩了。如果你不能使自己的全部身心都投入到工作中去，你就难以得到成长和发展的机会，无论做什么工作，都可能沦为平庸之辈。

只有在热爱工作的情况下，才能把工作做到最好。一个人在工作时，如果能以精进不息的精神，火焰般的热忱，充分发挥自己的特长，那么即使是做最平凡的工作，也能成为最精巧的工人；如果以冷淡的态度去做哪怕是最高尚的工作，也不过是个平庸的工匠。

激情是不断鞭策和激励我们向前奋进的动力。对工作充满高度的激情，可以使我们不畏惧现实中所遇到的重重困难和阻碍。当你满怀激情地工作，并努力使自己的老板和顾客满意时，你所获得的利益会增加。工作中最巨大的奖励还不是来自财富的积累和地位的提升，而是由激情带来的精神上的满足。

这是一个年轻人的时代，各种新兴的事物，都等待着那些充满激情而且有耐心的人去开发。各行各业，人类活动的每一个领域，都在呼唤着满怀激情的工作者。

不要畏惧激情，如果有人愿意以半怜悯半轻视的语调称你为狂热分子，那么就让他这么说吧。一件事情如果在你看来值得为它付出，如果那是对你的能力的一种挑战，那么，就把你能够发挥的全部激情都投入其中，至于那些指手画脚的议论，则大可不必理会。成就最多的，从来不是那些半途而废、冷嘲热讽、犹豫不决、胆小怕事的人。

激情一词源于希腊语，意为"心中的神"。想一想，当你心中有了神，有了神的启示，你一定就会活力无穷，光芒四射，可以说激情让我们点燃了心灵之火。如果没有心灵之火，就没有生活激情，没有工作激情，没有家庭激情，也不会有开创未来的激情，又怎么能期望别人对我们的生活、工作、家庭和未来充满激情。

无论是谁心中都会有一些热忱，而那些渴望成功人们的内心世界更像火焰一样熊熊燃烧，这种激情实际上是一种可贵的能量。用你的火焰去点燃他人内心热忱的火种，那你就已经向成功迈进了一大步。

激情是工作的灵魂。当一个人对自己的工作充满激情的时候，他便会全身心地投入自己的工作中。这时候，他的自发性、创造性、专注精神等对自己工作有利的条件便会统统在工作的过程中表现出来。一个成功的企业，它真正所需要的就是那些具有进取心和充满热情的员工。

一个没有激情的员工很难全身心地投入工作中，当他遇到困难的时候，会毫无斗志。如果充满激情的话，就会在困难面前越挫越勇，屡败屡战，永远充满希望。正是凭着这一股精神动力，他们最终能战胜所有困难，成为最后的成功者。

激情是一种永不言败、永不放弃的精神，是一种对工作的执着信仰。有激情才能将工作做好，才不会感到乏味。

激情是你能够保持一个良好态度的助推器。正是因为有了激情，你才不会对工作产生厌倦，不会对未来产生迷茫。你会在自己的工作岗位上不断努力，不断进步，并影响和带动周围的人和你一起奋斗，共同为公司创造更大的利润。这些人以工作为乐，把紧张的工作当成一种享受，在工作中寻找生命的意义和生存的价值，对工作永远是充满激情，永远是那么热情和专注。

如果一个人能够从事自己喜欢的工作，会比从事其他工作更有激情，会迸发出更加强烈的成功欲望，也更容易走向成功。

在美国的时候，如果不是因为一次重要的决定，李开复可能只是美国一个小镇上名不见经传的律师。

考上了哥伦比亚大学的法律专业后，李开复被很多人羡慕，觉得以后从事法律工作将会是一件很体面的事情。

但是，李开复却发现自己真正的兴趣并不在法律上，每次上专业课时，他总是打不起半点精神，甚至还常常在课上昏昏欲睡。

此时，他接触到了计算机。很快，他就喜欢上了计算机。每天，他都在疯狂地练习编程。老师和同学都对他的"不务正业"而感到惊讶。终于，在大二的时候，李开复做出了一个重大决定：放弃自己目前的专业，转入计算机系学习编程。

在当时，计算机还属于高科技产品，哥伦比亚的计算机系也只是刚刚成立，很少有学生报名学习。

从受人尊敬的律师转到一个前途未卜的领域里来，这使认识他的人都深为不解。许多朋友都劝他三思而行，不要放弃前途光明的法律专业，但李开复却毅然地决定坚持自己的选择。因为他知道，人的生命只有一次，不应该浪费在自己不喜欢的事情上，而是用自己的一生时间去学习和研究自己感兴趣的领域。

没想到的是，他一入计算机领域，便如鱼得水，整个身心充满了激情。后来，他又进入卡内基梅隆大学，获得了计算机专业博士学位。他开发的"语音识别系统"获得了《美国商业周刊》最重要发明奖。他于1998年加盟微软，创立了微软亚洲研究院。后来，他升任微软全球副总裁，成为微软高层里职位最高的华人。

李开复是个幸运的人，他从事了自己喜爱的计算机领域。在这个领域中，他因兴趣而产生了无限的激情，又因激情而坚持不断的努力，最终获得了成功。

在现代职场上，那些充满激情的员工是公司的一笔财富，能带给公司意想不到的价值。因为，满怀激情的人做事是积极主动的，不是消极被动的。正是如此，许多企业都希望自己的员工能够在工作中表现出激情的面貌。满怀激情的员工是公司不断进步的根本。

激情能够传染，一个激情的人会让自己周围的同事都充满激情，都积极面对工作。这样，企业才会高速发展，工作才会有序进行。正是因为这样，激情才被看成是工作的灵魂。失去激情的工作正如失去灵魂的人，很难会有一个好的结果。

职场必读

任何一个职场中人都需要有非常高的激情，拥有了激情，才能够更加卖力地工作。如果你渴望在职场获得成功，那就从现在做起，兢兢业业，开拓创新，扎扎实实做好本职工作，在平凡的工作中燃烧激情。

点燃工作的激情

在工作中，要想脱颖而出，必须时刻保持对工作的激情。只有当这种激情发自内心；并表现成为一种强大的精神力量时，我们才能创造出日新月异的工作业绩，并使我们在激烈的竞争中立于不败之地。

微软的员工都很渴望参加一些全球性的公司内部会议，这些会议对新员工尤其具有强大的震撼力。每个人的周围都有成千上万的人在一起交流，他们的脸上洋溢着对技术近乎痴迷的狂热和对客户发自内心的激情，这样的会议通常是在大家的欢呼，甚至是眼含热泪的情况下结束的。这些场景会激起你同样的感情，每个人都会自然而然地融入其中。

爱默生说："当一个人全身心地投入自己的工作之中，并取得成绩时，他将是快乐而放松的。但是，如果情况相反的话，他的生活则平凡无奇，且有可能不得安宁。"

有时，压力也是人们失去工作激情的原因之一。职场人士承担着巨大的有形或者无形的压力，同事之间的竞争、工作方面的要求，以及一些日常生活的琐事，无时无刻不在禁锢着我们的心灵。于是，在种种压力的禁锢之下，无精打采、垂头丧气和漠不关心扼杀了我们对事业的激情。从热爱工作，到应付工作，再到逃避工作，我们的职业生涯遭到了毁灭性的打击。

激情只能是从内燃烧，而不是从外促进。自己对于工作的激情要靠自己发掘，自己的工作士气要由自己负责。没有任何一家机构或者任何一个主管能够为你承担这个责任。

不要怀抱着不切实际的想法，以为别人会负责为你加油打气，或是给你更刺激、更具有挑战性的工作。我们得靠自己的力量，才能够从事业生涯中获得意义。正如一位著名企业家所说："成功并不是几把无名火所烧出来的成果，你得靠自己点燃内心深处的火苗。如果要靠别人为你煽风点火，这把火恐怕没多久定会熄灭。"

当你觉得工作乏味、无趣时，有时不是因为工作本身出了问题，而是因为你的易燃点不够低。点燃你心中的激情，从工作中发现乐趣和惊喜，在工作的激情中创造属于自己的奇迹吧！

对于职场人士来说，激情能够唤回生命的潜能。激情是一种动力，在你遭遇到逆境、失败和挫折的时候，激情能够给予你力量，指引你去奋斗。将激情注入工作，即便是枯燥、乏味的工作，也会变得生动有趣。此外，激情还是成就一切的前提，拥有激情的工作态度，才能够全身心地投入工作中，从而取得事业上的成就。

在职场中，领导不喜欢没有激情精神的员工，同事也不愿意与其合作，这样的员工，是不会拥有任何提升机会的。一个人要想在事业上取得成功，就必须端正自己的工作态度，时刻保持最大的激情。

只有具备了激情的工作态度，才能够感染周围的同事，获得他们的帮助；只有具备激情，才能够获得老板的赏识，得到提拔和重用；只有具备了激情的工作态度，才能够发掘出自身的最大潜能，促使自己走向成功。

岳芳是某知名公司的一名推销员。凭着高超的推销技巧和最大的激情，她叩开了无数经销商的大门。

一天，岳芳来到一家商场门口。进门之后，她首先向店员问候，然后就与他们聊起天来了。在闲聊的时候，岳芳发现这家商场有着非常不错的条件，于是在恰当的时机就将自己的商品推销给了他们。

然而，岳芳却遭到了经理的拒绝。那位经理直言不讳地告诉岳芳："如果我们进了你们的货，我们是会亏损的。"岳芳是一个执着的人，她动用了各种推销的本领，企图说服经理。孰料，那位经理根本不为所动。最后，岳芳只好十分沮丧地离开了商场。

岳芳在商场门口转了几圈之后，并没有回去，她又一次走进了商场。当她重新站在经理办公室门前时，经理却满脸微笑地迎接了她，岳芳还没有给他推销，他就决定订购一批货物。

对此，岳芳非常不解。在她的一再追问下，经理只好说出了其中的缘由："一般来说，推销商很少和店员聊天，而你却和其他的人不一样，你首先和店员聊天，并且聊得还十分融洽。同时，在你遭到我的拒绝时，并没有灰心，又重新来到商场。你正是用你的激情将我征服了。"

面对屡屡失败，只有拥有激情，就能得到成功之神的眷顾，从而更好地实现自己的事业理想。

在工作中，我们总会遇到这样或者那样的难题，如果没有高度的激情，就会被挫折和困难埋葬；如果拥有了激情，所有的问题也就会迎刃而解，最终打开通往胜利的大门。优秀员工的傲人业绩，来源于源源不断的激情。

毕业之后，程鑫来到一家保险公司上班。保险推销是一件非常困难的事情，整整一年，程鑫都没有业绩。眼到和自己一起进来的同事，业绩突出，不断地升职加薪，而自己还是和以前一样，做着最底层的工作，拿着保底的薪水，程鑫感到十分郁闷。

一天，程鑫无意中看到《休斯·查姆斯的百万美元擦鞋》的故事，从中获得了启发。回想起自己一年的工作经历，程鑫感慨颇多，在工作中，屡屡受挫，每一次都是信心十足地敲开人家的大门，然后垂头丧气地离开。刚开始的时候，程鑫还能经受得起失败的挫折。而现在，程鑫把工作当成一种折磨，即使在给别人推销的时候，心里也在想"反正人家也不会买"，这样一来，程鑫感到工作越来越乏味，不仅没有业绩，就连工作的意义也找不到了。

总结完教训之后，程鑫决定重新找回以往的激情，将工作作为自己最快乐的事情。接下来的工作中，依然遇到了很多挫折，面对一个又一个的拒绝，程鑫一改往日的垂头丧气，总是充满激情地工作。

坚持了大半年，程鑫已经完成了一年的计划。由于突出的业绩，程鑫受到领导的赏识，被提拔为销售部主管。

两种截然不同的态度，造就了两种截然不同的结果。同样一份职业，充满激情地去干就会使其变得有活力，工作做得也会有声有色。每天消极地工作只能让自己变得更加懒散，从而与成功失之交臂。

在职场中，不论你有多么高的学历、多么渊博的知识，一旦缺少了激情，就会一事无成。在遇到困难的时候，不要去抱怨工作的乏味、枯燥，只要充满激情的去工作，再大的困难也会乖乖地为你让路。

职场必读

　　激情对优秀员工来说，就像生命一样重要。优秀员工对工作的热衷、执着和喜爱，是一种激情洋溢的情绪，是一种积极向上的态度，更是一种高尚可贵的精神。

充满激情使你更充实

一个员工没有了激情，那么他的工作也就很难维持和继续深入下去。很难想象，一个缺乏工作激情的员工能够始终如一高质量地完成自己的工作，当然就更不要说创造出什么业绩了。

对工作所产生的火一般的激情，具有很强的感染力。在与老板或同事的交往中，你对他们的激情，也会使对方受到感染。你满怀激情地与老板打招呼，充满激情地去工作，老板自然会看在眼里，喜在心里，那么，你就无形中为自己增加了许多成功的机会。

艾斯是一家电脑公司的业务主管。现在，这家公司的生意相当火暴，公司的员工对待自己的工作也充满了激情和骄傲。但是，以前并不是这种情况。

那时候，公司里的员工们都已经厌倦了自己的工作，许多人都已经做好写辞职报告的准备了。但是，艾斯的到来改变了这一切，他对待工作充满了激情，这种精神状态燃起了其他员工胸中的激情火焰。

每天，艾斯第一个到达公司，并微笑着同每个同事打招呼。一开始工作，他便容光焕发，好像生活又焕然一新。在工作的过程中，他调动自己身上的潜力，开发新的工作方法。在他的影响下，公司的员工也都早来晚走，纵然有时候腹中饥饿，也舍不得离开自己的工作岗位。

在他的带动和感染下，员工们也一个个充满了活力，公司的业绩不断上升。由于他经常保持这种激情四射的工作状态，在很短的时间内，便被经理提拔到主管的位置。

对工作充满激情能够产生强大的动力，这不仅可以提高自己的工作效率，还能够带动周围的人更好地完成工作，同时这也会给自己带来更多晋升的机会。

同样是干一份工作，你是否满怀激情，会得出两种截然不同的效果。满怀激情，会让你更有活力，工作干得有声有色，创造出许多超人的业绩，老板自然就会对你刮目相看，晋职加薪也会随之而来。而缺乏激情，对工作漠不关心，当然就不可能会有什么发明创造，潜在能力也无从发挥，这只会让你更加垂头丧气。接下来，老板也不会关心你，你就会成为公司可有可无的人。

没有人愿意与一个整天提不起精神的人打交道，也没有任何一个老板愿意提拔一个在工作时萎靡不振的员工。一个人在工作的过程中萎靡不振，不仅仅会降低自己的工作能力，还会对他人及整个团队造成负面影响，这种人只能成为被解雇的对象。

许多公司的老板都希望自己的员工对工作充满激情，并且费尽心机地寻找一些对工作充满激情的人，因为公司的支撑与发展都急切需要这样的人。

激情与机会并存，失去了工作的激情，我们将无法在职场中立足成长，也永远不会拥有成功的事业与充实的人生。

耶林是麦当劳的一名普通员工，他每天的工作就是不停地做很多相同的汉堡，没有什么新意，但是他仍然非常快乐，始终用满怀善意的微笑来面对顾客，几年如一日。这种真挚的快乐感染了很多人，有人不禁问他："为什么你对这种毫无变化的工作感到快乐？究竟是什么让你充满了激情？"

"我每天做出一个汉堡，就知道一定会有人因为它的美味而感到快乐，这该是多么美好的事情。我每天都感谢上天给我这么好的一份工作。"耶林微笑着回答。

如果一个人觉得工作压力愈来愈大，工作对他而言只有紧张，毫无快乐可言时，那就说明他有些地方不合拍了。要想从根本上解决这个问题，他必须从心理上调整自己，否则换一万次工作也是枉然。

如果一个人能以精益求精的态度，火热的激情，充分发挥自己的特长来工作，那他做什么都不会觉得辛苦；如果一个人鄙视、厌恶自己的工作，那他一定会痛苦、会失败。

IBM前营销总裁巴克·罗杰曾说："我们不能把工作看成为了五斗米折腰的事情，我们必须从工作中获得更多的意义才行。"

被评为2005年"感动中国"十大人物之一的王顺友，是四川省凉山彝族自治州木里藏族自治县马班邮路上的一名邮递员。马班邮路也就是"用马驮着邮件按班投送的邮路"。在21世纪的中国邮政史上，这种原始古老的通邮方式堪称"绝唱"。

木里藏族自治县位于四川西南部，紧邻青藏高原。这里群山环抱，地广人稀，以马驮人送为手段的邮路是与外界保持联系的唯一途径。

投递线路长，一个班期要走14天，一月两班，一年365天，王顺友330天要走在邮路上。他需要先翻越海拔5000米、一年有6个月冰雪覆盖的察尔瓦山，接着走进海拔1000米、气温高达40摄氏度的雅砻江河谷，中途要穿越大大小小的原始森林和山峰沟梁，还要随时准备迎接突来的自然灾害。

不管多么困难，采取什么方式，王顺友都要按时完成传递任务。如果仅仅为一个饭碗，他早就坚持不住了。让他坚持下来的，是这条邮路所带给他的那份厚重的幸福感和成就感。

"每次我把报纸和邮件交给乡亲们，他们那种高兴劲就像过年。他们经常热情地留我住宿，留我吃饭。这时，我心里真有一种特别幸福的感觉，觉得自己是一个少不得的人！"王顺友说。

正是怀着对这份工作的强烈热爱，王顺友视邮件为生命。在恶劣的自然环境和艰苦的工作条件下，他不顾生命的危险，经历了一次又一次生与死的考验，孤独中跋涉了20年，行程26万多公里，相当于围绕地球转了6圈。

一个人价值的实现，不能只顾及个人生命和利益的存在。一个人之所以工作得有意义、有快乐、有富足感，那是因为他能热爱工作、甘于奉献，而不是处心积虑地去占有。

职场必读

只要愿意，每个人都能做到这一点。一个人只要热爱工作，甘于奉献自我，他就会时时生活在快乐之中。如果我们充满激情地工作，我们就会真正拥有心灵的富足。

将工作看成一种享受

如果我们把工作当成是享受人生过程的一种经历，那么，不管这种过程是甜美还是酸楚，我们都会对它怀着一种好奇的心情去体验。对于身在职场的人来说，最有价值的事情，就是从工作中获得快乐。

一位美国记者去墨西哥采访。这天，他来到一个集市上，看到许多本地人在贩卖自家的食品和土特产。不远处，有一个卖柠檬的老太太。她的柠檬卖五美分一个，可是却少有人问津。记者很同情老太太。

于是，他走过去，对老太太说："您的柠檬我全买了，一共多少钱？"

谁知，这位老太太并没有表现出高兴的样子，她对这位记者说："卖柠檬是我每天来集市上的工作，不管卖多卖少，我都能从中体会到一种工作的快乐。如果一下子全都卖给你，我就体会不到其中的快乐了。对不起，我不能全卖给你。"

老太太的话令人深思，在当今社会中，能够从自己的工作中找到快乐的人的确不多，也许是因为社会给予他们的压力太大，使他们感受生活的心变得迟钝起来，没有能力从工作当中找到应有的乐趣。

很多人每天在一个公司上班，但是每天下班都是对老板的一番怨恨，情绪很不稳定，工作给他们带来的是一种包袱。如果这样的话，自己得不到快乐不说，工作上也很难有发展空间。不如换个角度想想，如果没有这份工作，可能就没有饭吃；如果没有老板雇用我，那我可能连生存的能力都没有。试着每天用一种感恩的心情去面对工作，面对老板和同事，那么也许会从工作中得到快乐，情况也会有所改观。

员工不快乐的企业，多数止步不前甚至倒退，而那些环境宽松的企业则常常蓬勃发展。员工快乐指数越高，企业越有活力。不快乐的员工在疲惫中应付，快乐的员工则在激情中创造。就算一个生产线的装配工，心情愉快与否都也影响到工作质量，更不用说那些需要发挥创造性劳动的工作岗位。

只有在工作中找到快乐，才能发挥自己的潜能，给企业带来效益，同时也是给自己带来更好的发展。

虽然工作并不是一个人的全部，但大多数人还是认为，它的确可以左右一个人的生存质量。如果工作得不开心，生活也会不开心；如果工作快乐，生活就会变得幸福。

工作是人生必须经历的一个阶段，即使你的处境并不如意，也不要讨厌自己的工作。那些讨厌自己工作的人，不会在工作中寻求到一点儿快乐，这样的人会在忧愁与烦恼中日渐消瘦与衰老。因此，你应该学会在枯燥的工作中找到隐藏着的那层快乐。这样，你就会以积极的心态去面对一切即将发生的困难与挫折，迎接每一个挑战。

如果你是一个有心人，可以通过工作来实现自己的人生价值，通过工作来增长自己的职场经验，通过工作来加强自己的自信心。你对工作投入得越多，工作效率就会越多，你就会越快乐。反之，你会觉得工作是件苦差事，对工作产生反感。如果你拥有一颗敏感的心，会在工作之中发现许多隐藏的快乐。当然，对在工作中发现快乐的人，大多会有一个圆满的职场人生。

许多年轻人把工作不当一回事。如果领导多安排了一些任务，这些人就觉得自己没法在公司待了；紧急工作需要加班，这些人总找各种借口。无论是什么单位的员工，以这样的态度对待工作，是不会体会到工作的快乐的。

不管你现在的薪水是高还是低，只要你珍惜工作，全心全意地做好本职工作，毫不吝惜地将精力与热忱融入工作中，你会发现：工作是快乐的。

全身心地投入工作中，你会享受到工作带来的乐趣，同时，你会赢得他人的尊重，进而产生一种自豪感。如果你一直处于被动状态，将会发现每天有一大堆的工作等着你，你总有做不完的事。这时，你会感觉工作十分艰辛、烦闷。所以，不懂得珍惜工作的人是很难体会到工作的快乐的。

只有你从内心珍惜你的工作，你才不再觉得工作是件累人的苦差事，你才可能取得大的成就。只有从内心热爱你的工作，你才能享受到工作的乐趣，才能获得生活的快乐。

工作不仅仅是为了生存或解决温饱，从你选定所要从事的职业那一刻起，你就将一份希望寄托到了你的追求之中。通过努力地工作，你要去实现你所奋斗的目标。当随着你忙碌地工作，距离你的目标越来越近时，你也就会越发感受到工作的快乐。

珍惜你的工作，热爱你的工作，将它作为你人生前进的动力，用生命的热情去驾驭你的工作，你会体会到工作的乐趣，用心去享受工作的快乐，你的人生也因此更加闪亮。

面对身边繁杂的工作，如果不能及时地进行自我调节，就会产生一定的压力。当压力达到一定程度的时候，就会产生反作用，出现消极怠工、逃避工作等现状，这样一来，就很难做出任何成绩；相反，在工作的时候，如果能够保持愉快的心情，把工作当成一件愉快的事情，甚至作为一种享受，自然能积极地参加工作，从而取得更大的成功。

有三个工人在建造房子。

第一个工人刚刚开始工作就开始抱怨："这房子又不是给我住的，我费那么大力气做什么？"他觉得这项工作简直就是在受罪，他越想越生气，最后决定随便盖完就得了。于是，第一个工人将房子草草了事。但是他盖好的房子看上去摇摇欲坠，丝毫没有安全感。

第二个工人接到任务之后，刚开始还能耐着性子，认真地工作。但是，很快，他就发现了这份工作非常枯燥，他想："既然已经收了工钱，就替人家盖好吧。"于是，他耐着性子将房子盖完了。当把房子交给房主的时候，他终于长叹："终于把活干完了。"

第三个工人接到工作之后，非常高兴。他一边盖房子一边快乐地想：

"盖房子是一件多么美妙的事情啊，房子盖好之后，一家人就可以快快乐乐地搬进来生活了……"他将自己最大的激情投入工作中，在工作的时候，时刻保持着快乐的心情。当房子完成之后，他审视着房子，赞叹道："真是一件伟大的艺术品啊！"

五年之后，再也没有人来找第一个人盖房子了，他失去了养家糊口的来源；第二个人仍然按部就班地做着自己的工作；第三个人已经成了小有名气的建筑师。

三种人，三种对待工作的态度，造就了三种不一样的人生。在工作中，面对同一份工作，有的人认为其枯燥、乏味，没有耐性将他做完，或者是对工作敷衍了事，最终不但没有业绩，还有可能被老板炒鱿鱼；也有一部分人，虽然能够将工作完成，但是完全是迫于工作的需要，他们在工作中，不会将自己的想法付诸实践，工作一成不变，毫无一点创新可言，这样的人永远只能做一个平平凡凡的员工；而极少一部分人，他们把工作当作一次愉快的旅行，把工作当作一种享受，他们将自己最大的激情投入工作中，不但能够积极主动地工作，还能开动脑筋，提出不少新的想法，这样的员工，自然会一步步走向成功。

毋庸置疑，每一个人在工作中都会遇到不如意的事情。如果对此耿耿于怀，在工作中总是充满抑郁的情绪，就很难把所有的精力都放在工作上。对于他们来说，整个心灵都装满了痛苦，在这种状态下，自然不会取得较好的成绩。

几年前，小田刚刚毕业就进入了一家公司。最初的时候，小田只是一名普通的小职员。面对繁杂的工作，小田觉得是一种巨大的压力，对此，他每天都非常紧张，工作也进行的不顺利，半年过去了，小田依然没有什么业绩。

领导看到小田的这种状况之后，就亲自找他谈话，了解完小田工作进展不顺利的原因之后，经理送给他一个成功的秘诀——"工作着并快乐着"。小田顿时恍然大悟，此后，小田一改往日的态度，快乐地投身到工作中。自从有了这份好情绪之后，小田以往的工作压力也变得越来越小了。最重要的是，小田的业绩也有了明显的提高。

　　一年之后，小田已经成为所在部门中最优秀的员工，不久就得到领导的赏识，将其提升为部门主管。后来，小田在自己的努力下，一步步晋升为公司的经理。

　　在工作中，如果我们每个人都为自己拥有一份工作而高兴，把愉快的心情带到工作中，就一定能够达到职业生涯的最高峰。

职场必读

　　只要坚持"工作着并快乐着"，时刻用一种愉快的心情去对待工作，就一定能够促使自己积极的投身工作，从而做出出彩的成绩，成为最优秀的员工。

工作不要三分钟热度

　　很多职场上的年轻人，刚刚进入一家企业的时候，也是一腔热血，也想要作出一番业绩，但过了一段时间，就感觉没有意思了，因此工作也就失去了激情。

　　这样的情况是许多在职场上的年轻人都共同有过的。初入职场，都会遇到各种各样的问题，许多工作并不是和自己想象中一样，因此，心态也就发生了变化。其实，年轻人拥有一腔热血和满腔激情是正确的，但是我们一定要明白，任何一份工作，都需要持续的激情，要懂得坚持地做下去，并要坚持地把它做好，不能只是保存三分钟热度。

每个人都听过"龟兔赛跑"的故事，这个故事在职场上也同样上演着。许多职场中的人，正是由于像乌龟一样，由于能够一步一步地坚持下来，才慢慢地走上终点的。那只"爱睡觉"，对工作只有三分钟热度的小白兔，最后败在了实力远在自己之下的乌龟。

小白兔之所以在赛跑中输了，主要是因为他的心态不稳定，一会想要跑个第一名，一会要想趁机会先睡个觉，结果造成了三分钟的热度。而那只乌龟，虽然跑得很慢，但他能够稳定自己的情绪，能够一点一点坚持下来，抓住了一个目标，认真地走下去，最后终于战胜了兔子，获得了第一名。

那些对工作只能保持三分钟热度的人，往往在职场中人际关系也会不大顺利，尤其不能得到认真踏实的员工的认可。我们可以试想一下，如果那只"乌龟"能够看到睡觉的"小白兔"，它会佩服小白兔吗？它当然不会，它只会叹息着笑一下，然后继续自己缓慢但不间断的前进。

在职场上，有许多小白兔这样的人，他们认为仅仅凭着自己的聪明和可爱，就一定能够在职场上立于不败之地。其实，他们是错的，他们的聪明和可爱，并不适用于竞争激烈的职场。

许多对工作只存有三分钟热度的人，他们在还没有进入自己的正式工作角色之前，就会受到许多人的讨厌了。他们的三分钟热度似乎也是一个警报，预示着他们会跳槽，即使不跳槽，也会被企业淘汰。在大多数的情况下，"小白兔们"却不会从自己身上找原因，反而会觉得企业不重视自己，甚至加速他们愤而离职。

这些职场上的"小白兔"，如果想要快速摆脱和避免自己职业生涯中的困境，需要对自己做些调整。如何去调整呢？

首先，要培养自己的耐性和稳定性，使浮躁的心静下来；其次，不要用

"老经验"对待新问题，而是要学会在自己的工作中重新开始去学习自己不懂的东西；最后，就是需要尽快进行角色的转换，以职场员工的心态对待自己，不能一遇到不顺心的事就一走了事。因为，即使你愤而离开，公司也不会因此而挽留你。而你也会很快发现，不管到哪个公司，都会遇到同样的问题，你同样需要面对它。

如果你能够将自己的价值观排在贡献之上，那你就会努力地坚持下去。如果你做的事情是正确的，那你就要坚持下去。

有些人，在其职业生涯中换过十几份工作甚至几十份工作，每一次换工作都觉得是老板有问题，或是产品有问题，或是公司的制度有问题，从来没有想过自己的问题。

每当三分钟热度过后，想要放弃的时候，我们要回头想想，看看是不是自己出了什么问题，看一下问题到底是出在企业身上，还是出在自己身上。

任何一个人的成功都不是凭空而来的。成功是一种习惯，而放弃也同样是一种习惯。很多人有一腔热血，但过不了多久就会由于各种原因，想要放弃，想要离开。这些人，会在遇到挫折的时候放弃，在遇到瓶颈的时候放弃，在心中没底的时候放弃，从来没有给自己一个坚持的理由，因此也就从来没有和成功结过缘。

只要能够找到自己喜欢的事情，能够坚持下来，那成功的可能性就大大提高了。要知道，成功是长期的积累而成的，并不是三分钟热度就可以代替的。

职场必读

在职场上，不管任何职业的工作，不管任何行业，都不能只有当初的一腔热血，不能仅仅有三分钟热度，要踏踏实实地去努力坚持，要坚持到底，用一贯的坚持，去书写自己灿烂辉煌的职场人生。

用激情浇灌工作

将激情带到工作之中，用激情浇灌工作，工作起来就会满怀激情，感觉不到一丝的辛苦与单调。另外，激情会让一个人充满斗志和活力，能够让你睡眠只有平时一半的情况下工作效率比平时提高两倍。

工作激情是一种向上的态度，是一种乐观的精神。拥有激情的员工，能够推动自己不断成长，推动公司不断前进。

职场中，许多人正是凭着那份激情，才拥有了百折不挠的执着精神，最终抓住机会成就了自己。工作对每个人都是平等的，在通往成功的道路上都有一样的机会。那些拥有执着和激情的员工，会通过的激情为自己赢得成功。

著名人寿保险推销员纳佐正是凭借着对工作的激情，创造了一个又一个奇迹。

最初，纳佐是一名棒球运动员。他刚转入职业棒球队不久就被球队开除了。临走时，经理轻蔑地说："以你的水平，再混20年，也不会在棒球界有什么出路！"

纳佐后来又加入了新球队。在比赛中，纳佐满怀激情地在场上到处奔跑，充满了活力。当地媒体对纳佐做了如下描述："这位新加入的球员，是一个充满激情的家伙。他球技高超，是个优秀的球员。"由于对职业的激情，纳佐的工资由原来的25美元涨到了185美元。后来，他的薪水加至原来的30多倍。

当别人问起纳佐为什么有这样成就的时候，他只回答了一句话："没有什么，就是因为一股激情。"

后来，因为手臂不慎受伤，纳佐告别了职业棒球生涯。离开棒球场的纳佐来到了一家人寿保险公司当推销员。他凭着自己的激情与周到，很快成为保险界首屈一指的精英。

纳佐总结自己的人生经验时说："我见过许多成功的人，他们由于对工作充满激情，使自己的收入成倍增加；同时，我也见过许多失败的人，他们由于对工作缺乏激情而最终走投无路。因此，激情的态度是我成功的主要原因。"

激情是战胜困难的法宝，能够让人充满力量，促使人不断前进，走向成功。可是，能够将激情保持住并不是件容易的事，随着时间的推移，人的激情也会慢慢消失。因此，能够保持住自己的工作激情，是一件很重要的事情。

想要成为一名优秀的员工，千万要对自己的工作怀有激情。你在职场上表现的有多激情，你成功的机会就有多大。

激情是一个人能否在职场获得成功的重要因素。在职场上的成功，与其说取决于人的才能，不如说取决于人的激情。那些对待工作激情四射的人，成功的概率就大得多。那些拥有激情的人，不管遇到什么样的挫折，也不管遭受到多么大的打击，都能够很快地调整自己的情绪，修订自己的计划，让自己更加激情地投入到工作中。

孟娟所在的公司不但制度完善，福利和待遇都非常好。可是，有一天，孟娟却突然辞职了，原因是她感觉自己找不到一点工作的激情，自己刚入职时的那种激情早已消失得无影无踪了。

过去的孟娟，总是每天第一个到公司，下班最后一个才离开。那个时候的她，总是神采飞扬，激情四射。可是，随着工作时间的增加，孟娟慢慢变得平静起来，再也找不回当初的激情了。

现在的孟娟，每天都看着疲惫不堪，烦躁不安。她感觉总有一块大石头压在自己心头，让自己再也找不回当初的激情了。上班总是最后一个来到，下班总是第一个离开。整天阴沉着脸，一言不发，感觉工作对自己来说是一种折磨。

后来，孟娟想起公司就头疼，无奈之下，她走进了老板的办公室提出辞职。她告诉老板，自己已经没有激情了，再在这里工作下去，自己一定会崩溃的。

辞职后的孟娟在家待了几个月，她又变得更加焦躁不安了。没有工作的她感觉更难受，更烦躁。失去了工作，似乎生活也没有任何意义了。

然后，孟娟打电话给老板，告诉了老板自己的现状。老板是个非常宽容的人，他又让孟娟复职了。重新走上工作岗位的孟娟，对现在的工作非常珍惜，在工作的时候，又一次充满了激情。一年后，她由于业绩突出，被提拔为部门经理。

一个没有工作激情的员工，很难在职场获得成功。因为缺乏激情的人不会去主动做一件事情，做事情的激情也不高，对于成功的渴望也不强烈，很容易走向失败。

一份工作做久了，也难免会感觉到乏味，出现疲惫和倦怠，渐渐失去之前的激情。如果遇到这样的情况，就要重新思考一下自己的目标，然后为自己订一个更高的目标，想象一下这个目标实现后所能带给你的快乐。这样，你就会继续充满激情地投入目标的追求中，投入琐碎的工作中。

其实，让自己充满激情，并不是一件困难的事情。你没有办法改变世界，却有办法改变自己；你没有办法控制别人，却有办法控制自己。只要你能重新认识到工作的意义，重新找回自己的梦想，你就会找回久违的激情。

职场必读

　　激情对于工作有着举足轻重的作用。充满激情的人会认真且自愿做好工作中的每件事情。任何一家公司，没有哪个管理者不愿意看到员工充满激情的。充满激情的员工才能够成为公司最需要的人。